나쁜
과학자들

KB168675

FOR THE GOOD OF MANKIND? : The Shameful History of Human Medical Experimentation
by Vicki Oransky Wittenstein
Copyright © 2014 by Vicki Oransky Wittenstein
All rights reserved.

This Korean edition was published by DARUN Publisher in 2014 by arrangement with
Twenty-First Century Books, a division of Lerner Publishing Group, Inc., 241 First Avenue North,
Minneapolis, Minnesota 55401, U.S.A. through KCC(Korea Copyright Center Inc.), Seoul.

이 책은 (주)한국저작권센터(KCC)를 통한 저작권자와의 독점계약으로 도서출판 다른에서
출간되었습니다. 저작권법에 의해 한국 내에서 보호를 받는 저작물이므로 무단전재와 복제를 금합니다.

생명 윤리가 사라진 인체 실험의 역사

나쁜
과학자들

비키 오랜스키 위튼스타인 지음
안희정 옮김 | 서민 감수

다른

일러두기

1. 옮긴이가 덧붙인 설명은 '-옮긴이'로 표기했습니다.
2. 5장에서 독자의 이해를 돕고자 덧붙인 우리나라의 상황 설명은 감수자의 글입니다.

윤리 없는 과학의 비극

서민(단국대학교 의과대학 교수)

바닷가 마을에 기생충이 얼마나 유행하는지 알아보기 위해 어느 마을 주민들의 대변을 걷은 적이 있다. 바닷가에 살다 보면 아무래도 생선이나 해산물을 날로 먹는 일이 많고, 그로 인해 각종 디스토마에 걸린 사람이 많을 거라 추측해서였다. 과연 그랬다. 마을 주민 절반가량이 기생충에 걸려 있었으니까. 이건 어디까지나 논문을 쓰기 위한 연구의 일환이었지만, 그렇게 하면 주민들의 협조를 받을 수 없을 것 같아, 우리가 마치 주민들의 건강을 위해 서울에서 내려온 것처럼 행세했다. "기생충 검사 무료로 해드리고요. 양성 반응이 나오면 약도 드려요!"

우리의 속내를 모르는 주민들은 자신들의 대변을 어루만져 주는 우리에게 오히려 미안해했고, 심지어 연구팀에게 먹을 것을 대접하는 분도 계셨다. 이게 다가 아니었다. 특이한 기생충을 가졌거나 몸속에 기생충이 많을 것으로 기대되는 분들은 한 차례 더 곤욕을 치러야 했는데, 그것은 바로 기생충 약을 먹은 후 나온 설사를 세 차례 정도 바가지에 담아 주

5

는 일이었다. 이렇게 하면 약을 먹고 죽은 기생충들이 설사에 휩쓸려 나와 바가지에 담겼고, 우리는 이것들을 실험실로 가져가 기생충을 골라냈다. 우리나라가 해산물을 통해 감염되는 기생충 연구의 세계적 강국이된 것도 우리를 믿고 기꺼이 설사를 해주신 주민들 덕분이었다. 하지만그분들은 자신들의 기생충 감염 상황이 논문이라는 형태로 인쇄된 채여러 학자들에게 읽히게 될 줄은 미처 알지 못했다.

연구에 참여한 분들로부터 얻은 자료를 동의 절차 없이 무단으로 사용하는 게 옳지 않다는 걸 알게 된 것은 그로부터 몇 년 뒤, 우리 대학의임상시험 심사위원회(IRB)에서 일하게 되면서부터였다. 당사자의 동의가없으면 혈액이나 소변 같은, 환자들에게서 얻은 샘플을 가지고 한 모든연구는 논문에 사용할 수 없었다.

처음에는 제재가 지나치다고 생각하기도 했다. 논문에 당사자의 이름이 나오는 것도 아니고, 기껏해야 "내과에 온 환자 100명 중 3명이 고지혈증"처럼 건조한 데이터로만 표시되는데 뭘 그렇게 까다롭게 굴까 싶기도 했다. 게다가 위험한 병원균을 환자에게 주사하는 것도 아닌데, 환자의 대소변이나 혈액을 이용해서 연구를 하는 게 당사자에게 무슨 피해를 줄까? 하지만 몇 번의 심의과정에 참여해 보니 그게 아니었다. 환자에게 얻은 모든 샘플, 예를 들어 대변이라고 할지라도 거기엔 그 환자의DNA를 비롯해 건강에 관한 많은 정보가 들어 있었고, 이러한 정보들을당사자의 허락 없이 사용하는 것은 엄연한 인권 침해였다.

갑자기 예전에 내가 했던 연구가 생각났다. 주민들을 속여 대변을 갈

취한 것도 문제였지만, 내 연구로 인해 그 지역 주민들은 기생충이 많은 마을에 산다는 오명을 뒤집어쓸 수도 있었다. 또한 이 사실이 기사로 나간다면 그 지역의 해산물이 덜 팔려서 경제적 손실을 입을 수도 있었다. 실제로 내가 조교로 일하던 시절 자주 출장을 가던 곳은 자연산 굴을 팔아서 수입을 올렸는데, 굴에 기생충이 있다는 것이 기사로 나가는 바람에 굴 판매량이 떨어지기도 했다. 그 굴에 사는 기생충이 인체에 큰 피해를 끼친다면 판매량이 떨어지는 피해를 입더라도 기사를 내보낼 필요가 있겠지만, 크기가 0.5밀리미터에 불과한 그 기생충은 인체 내에서 별다른 증상을 유발하지 않았다. 이런 기억 때문에 지금도 그 지역 근처를 지나가기라도 할 때면 괜스레 미안하다.

이런 윤리적 갈등은 임상시험을 할 때 더 첨예하게 드러난다. 새로운 약이 시장에 출시되려면 몇 단계의 까다로운 임상시험이 필수적이기 때문이다. 사람은 참 신기한 동물이라 머리가 아픈 사람에게 의사가 실제로는 소화제를 주면서 두통약이라고 하면 아픈 증상이 조금 나아지는 것을 경험한다. 이렇게 의사에 대한 신뢰 때문에 치료 효과가 나타나는 것을 플라시보(가짜 약) 효과라고 하며, 그렇기 때문에 새로 개발되는 약은 플라시보와 비교해서 효과가 더 뛰어난 것이 증명되어야만 시중에 나올 수 있다. 그런데 아픈 환자들 중 누구는 새로 개발된 약을 주고, 누구는 플라시보를 줄 것인가? 플라시보를 준다는 것은 심리적으로 효과가 있을지언정 병이 낫는 것은 아닌데 말이다.

사람을 대상으로 하는 연구에는 윤리적인 고민이 동반되어야 한다.

이런 고민 없이 굴러가는 과학은 어떤 결과를 낳을까? 이 책에는 과거에 자행된 온갖 비윤리적인 연구가 등장한다. 가난한 사람들에게 매독균을 주사한 뒤 병의 경과를 지켜본 연구도 있었고, 백신의 효과를 지켜본답시고 감옥에 갇힌 수감자들에게 암세포를 주사한 연구도 있었다. 하지만 이들은 자신들의 행위를 반성하지 않았다. 실제로 나치의 명을 받아 유대인을 대상으로 잔혹한 인체 실험을 했던 의사들은 전쟁이 끝난 후 열린 재판에서 자신들이 한 일을 부끄러워하지 않았다. 오히려 더 많은 사람을 구할 수 있다면 그 정도의 희생은 당연한 것이 아니냐고 주장하기도 했다. 자발적으로 동의를 할 지적 능력이 없는 지적 장애아들을 대상으로 간염 백신의 효능을 시험한 의사들 역시 "실험 대상자들에게 해를 끼치지 않았다"며 스스로를 변호했다.

이러한 연구를 했던 사람들이 악마 같은 존재였을까? 그렇지 않다. 이들은 자신들의 연구가 인류의 건강을 증진시키기 위한 것이라는 사명감에 불타고 있었을 뿐이었다. 결과가 수단을 정당화한다는 믿음. 위대한 발견이 코앞에 있는데, 사소한 연구 윤리 따위가 뭐 그리 중요하겠느냐 하는 것이 그들의 마음이었으리라.

이 실험들이 다 과거의 일일까? 유감스럽게도 그렇지 않다. 우리는 줄기세포 연구를 하기 위해 연구원들에게 난자를 제공하라고 했던 황우석 박사를 찬양했다. 난자 제공 수술은 불임과 감염, 장기의 유착 등을 가져오는 위험한 것임에도, 그가 가져다 줄 수백조의 국익이 우리 눈을 멀게 했던 것이다.

이렇듯 과학은 조금만 감시를 게을리 하면 괴물로 변하기 십상이다. 연구에 참여하는 과학자들 스스로도 윤리적 고민을 해야 하지만, 우리 사회 역시 그들이 괴물이 되지 않도록 지속적인 감시를 해야 한다. 과학도 어차피 인간을 위한 일일진대, 인간을 위한답시고 같은 인간을 위험에 빠뜨려서야 되겠는가? 과학자가 될 사람이나 그렇지 않은 사람이나, 이 책을 읽어야 할 이유가 여기에 있다.

차례

머리말

저항도 못하고
울기만 하는 젖먹이에게
실험을 한다는 것은
너무나 부당한 일이다.
죽어 가는 아이에게
실험을 하는 것도 마찬가지이다.
가난한 사람들과 배우지 못한 사람들,
지적 장애인들과 자신을 지킬
능력이 없는 사람들에게
하는 실험도 다를 바 없다. (…)
이는 분명 인류의 비난을
면하기 어려울 것이다.

1916년, 앨버트 레핑웰
(저명한 외과 의사로서 인도적인 의학 실험을 주장함)

1946년 1월, 오스트레일리아 뉴사우스웨일스 주의 작은 마을 더보. 4세 소년 시미언 쇼가 집 현관에 매달린 해먹에서 떨어져 다리를 다쳤다. 엑스레이를 찍고 나서야 시미언이 심각한 뼈암에 걸린 사실이 밝혀졌다. 담당 의사는 시미언이 1년도 채 살지 못할 거라는 진단을 내렸다.

시미언의 부모는 충격을 받았고, 이루 말할 수 없는 슬픔에 빠졌다. 하지만 그들은 포기하지 않고 미친 듯이 다른 의사들의 소견을 구했고, 미국의 적십자에도 도움을 청했다. 시미언의 처지를 들은 샌프란시스코 캘리포니아대학병원 의사들이 자신들이 시미언을 치료해 주겠다고 나섰다. 미군도 도움을 주기로 했다. 당시 제2차 세계대전(1939~1945년)이 막 끝나서 비행기를 타고 고향인 미국으로 돌아가려던 군인들이 시미언과 그의 엄마 프레다 쇼에게 자신들의 좌석을 기꺼이 내주었다. 두 사람은 군 수송기를 타고 1만 6000킬로미터가 넘는 먼 거리를 날아서 샌프란시스코에 도착했다.

언론은 시미언의 이야기를 좋아했다. 신문에는 "구급 비행 시스템을 이용해서 오스트레일리아 소년을 미국으로 데려오다" "전문의들, 4세 어린이 치료에 힘을 모으다"라는 기사가 대문짝만 하게 실렸다. 시미언의 엄마는 샌프란시스코 공항 활주로에서 자신들을 기다리던 기자들과 사진가들에게 말했다. "미국 적십자와 미군에게 감사한 마음을 어떻게 표현해야 할지 모르겠어요."

그런데 쇼 가족이 까맣게 모르는 일이 있었다. 당시 캘리포니아대학병원의 일부 의사들은 방사능이 인체에 미치는 영향을 연구하는 비밀 군

14

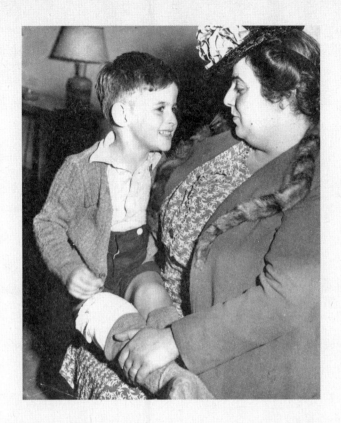

1946년, 엄마 무릎에 앉아 있는 시미언 쇼. 시미언은 암 치료제 대신 방사능 플루
토늄 주사를 맞았다. 그러나 의사들은 플루토늄 주사를 놓을 때 시미언의 가족에
게 동의조차 구하지 않았다. 이 같은 실험은 미국에서 수십 년 동안 암암리에 진
행되었다.

15

사 실험에 참여하고 있었다. 의사들의 속마음은 시미언을 치료하려는 것이 아니었다. 의사들은 시미언에게 암 치료제 대신 플루토늄이라는 아주 위험한 방사능 물질을 주사했다. 시미언의 엄마는 이 주사에 대해 들은 적도 없었고, 주사를 놓는 것에 동의한 적도 없었다. 그 후 의사들은 소년의 다리뼈에 대해 조직 검사를 실시했다. 뼈와 근육, 조직 표본을 분석하여 주사한 방사능이 얼마만큼 흡수되었는지 추적했다.

몇 개월 후 시미언은 오스트레일리아로 돌아왔지만, 그 무렵 암세포가 퍼지면서 몸이 더 쇠약해졌다. 그리고 주사를 맞은 지 약 9개월 후에 세상을 떠났다.

70여 년이 흐른 뒤에야 군이 시미언과 다른 수백 명의 사람들에게 비밀리에 방사능 실험을 했다는 사실이 밝혀졌다. 이처럼 의학 윤리를 저버린 사건들은 검은 그림자에 가려져 세상 밖으로 잘 드러나지 않았다. 사람들은 대부분 그것이 얼마나 위험한 일인지 알지 못했고, 또 누구도 설명해 주는 사람이 없었다. 많은 사람들이 이유도 모른 채 죽는 비극이 일어났다.

지난 150년 동안 의사와 과학자들은 의학적으로 엄청난 성과를 거뒀다. 항생제를 비롯한 수많은 의약품의 개발, 선별 검사(건강한 사람과 질병이 있는 사람을 선별하는 방법으로, 대개 집단 검진 따위의 방법을 쓴다-옮긴이), 수술을 비롯한 다양한 치료법과 진단법이 발견되었다. 하지만 이러한 발견에는 희생이 따랐다. 실험 대상자의 인권이 자주 침해된 것이다.

21세기에 미국은 실험 대상자를 법으로 보호하고 있지만 문제는 여전히 그대로이다. 수천 명의 자원자들이 법으로 규정한 임상시험(새로운 약이나 의료 기구가 실제로 효능이 있고 안전한지 확인하기 위해 사람을 대상으로 하는 시험-옮긴이)의 수요를 채우고 있다. 경제적 이익을 얻기 위해 새로운 치료법과 백신 기술을 두고 경쟁이 치열해지면서 실험 대상자 학대와 윤리 위반 역시 끊이지 않는다.

미국 정부는 미국 내에서 이뤄지는 수많은 임상시험을 파악하기도 어려운데, 개발 도상국을 비롯한 전 세계에서 이뤄지는 엄청나게 많은 실험까지 파악하기는 더더욱 어렵다. 유전자 치료법처럼 첨단 연구 분야의 실험 대상자들도 법적으로 보호받기 어렵다.

사람을 대상으로 하는 실험은 분명 필요한 일이다. 누군가는 앞서 시험해 봐야 할 것이다. 그럼 누구에게 시험해야 할까? 교도소의 수감자들, 지적 장애인들, 또는 아이들에게 하는 실험이 정당할까? 다른 치료법이 없는 사람들이나 돈을 위해 자원하는 건강한 사람들에게 하는 실험은 어떨까? 의학을 발전시키면서도 각 개인의 인권을 지킬 수 있는 방법은 없을까?

21세기의 과학과 의학은 의학적 한계가 없는 미래를 약속한다. 새로운 치료법을 찾으려면 사람을 대상으로 한 실험이 불가피하다. 개인의 인권이 과학·의학의 발전과 대립할 때 어떻게 균형을 맞출 수 있을까?

1

인간
기니피그

근대의 인체 실험

침대에 누운

어린아이들이

눈이 아파서

밤새 끙끙 앓았다.

아이들은 조그만 손으로

눈을 꾹 눌렀지만 얼얼하고

쓰라려서 쉽게 잠들지 못했다.

눈에서 끊임없이 흘러나오는 물 때문에

아이들 얼굴 양쪽에 깊은

골이 지기도 했다.

다이애나 벨레이스(생체 실험 폐지론자).
1910년, 고아를 대상으로 한 실험을 고발하면서.

왼쪽에 있는 글은 1908년 펜실베이니아 주 필라델피아에 위치한 세인트 빈센트 고아원의 한 간호사가 아이들 눈에 넣은 용액 때문에 어린아이들이 겪은 고통을 묘사한 것이다. 당시 도시마다 폐에 결핵균이 침입해서 생기는 전염병인 폐결핵이 들끓고 있었다. 그리하여 결핵 감염을 진단하는 방법을 찾기 위한 여러 가지 실험이 진행되었는데, 결핵균에서 추출한 투베르쿨린 용액을 눈에 주입해서 진단하는 것도 그중 하나였다. 의사 3명이 유아 17명을 비롯한 8세 미만의 아이 160여 명의 눈에 투베르쿨린 용액을 주입해서 결핵 반응 검사를 실시했다.

의사들은 이 실험이 잘못됐다고 생각하지 않았다. 의학 잡지에 아이들에게 나타난 부작용을 공개하기까지 했다. 캐서린이라는 어린 고아에 대해서는 이렇게 적었다. "아이의 눈에 투베르쿨린 용액을 넣자 눈꺼풀이 아주 많이 부풀어 올라 뺨 중간쯤까지 내려왔다. 눈꺼풀이 눈 전체를 덮었고 그 밑으로 계속 고름이 고였다. 외과 수술을 고려해 보았지만……아이의 고통을 덜어 주는 것이 불가능해 보였다."

의사들은 실험에 참여한 많은 아이들이 영구적으로 시력에 손상을 입은 듯하다고 했다. 그들의 보고서에는 용액에 비슷한 반응을 보인 다른 실험들도 적혀 있었다. 1년 후 뉴욕 시의 또 다른 의사가 베이비스 병원에서 어린아이 1000명에게 같은 실험을 했다. 결국 의사들은 눈에 투베르쿨린 용액을 주입하는 검사 방식을 중단하기로 결정했다. 하지만 위험하고 잔인한 실험을 하는 관행이 완전히 사라진 것은 아니었다.

1700년대 말에서 1940년대까지 미국의 의사들은 고아뿐만 아니라 아프리카계 노예, 가난한 사람들, 지적 장애인 같은 힘없는 사람들에게 꾸준히 인체 실험을 했다. 병원과 감옥 같은 시설에 갇힌 사람들 또한 실험 대상이 되었다. 사람이 어쩌다가, 그리고 왜 실험실의 기니피그(Guinea Pig, 의학 실험용으로 널리 쓰이는 동물-옮긴이)가 된 것일까?

히포크라테스 선서

역사 내내 사람들은 인체가 어떻게 작동하는지, 그리고 질병을 진단하고 치료하는 법은 무엇인지 알아내기 위해 부단히 노력했다. 기원전 5세기 무렵 그리스에 살았던 의학자 히포크라테스의 이름을 딴 히포크라테스 선서는 의사가 따라야 할 윤리 지침을 정리한 것이다. 그중 가장 중요한 지침은 "환자에게 해를 끼치지 말 것"이었다.

역사 초기에는 의사가 적절한 의술을 펼치는 일은 실험과 구분되지 않았다. 일부 의사들은 의학 발전을 위해 치료의 선을 넘어 실험했지만, 대부분의 의사는 히포크라테스의 가르침을 따랐다. 의사들은 질병의 진행 과정을 관찰하고, 다른 의사들과 상의하며 다양한 치료법을 시도했다. 다른 치료법이 소용없을 때만 새로운 치료법을 시도했다. 다른 말로 하면 실험은 대부분 환자의 '치료'를 위해서만 실시됐고, 의사는 병에 걸린 환자에게 직접 도움을 주려고 노력했다.

하지만 1700년대에 들어서 일부 의사들이, 수많은 사람의 목숨을 앗아가고 흉터를 남긴 천연두 같은 질병의 치료법을 찾기 위해서 건강한 사람들에게까지 위험한 실험을 감행하기 시작했다. 의사들은 종종 한 번도 병에 걸리지 않은 어린아이들을 실험에 이용하기도 했다.

천연두 백신의 숨은 진실

가엾은 꼬마 캐서린이 투베르쿨린 주사를 맞기 100여 년 전, 영국 의사 에드워드 제너가 천연두에 관한 실험을 했다. 제너의 실험 대상은 당시 8세였던 정원사의 아들 제임스 핍스였다.

에드워드 제너는 제임스의 팔에 낙농장 여인 손에 돋아난 우두 종기에서 뺀 고름을 집어넣었다. 제임스는 천연두를 가볍게 앓았다. 1개월 후, 제너는 이번엔 소년의 팔에 치명적인 천연두 종기 딱지에서 뽑은 고름을 집어넣었다. 천연두 고름이 여러 번 몸에 들어갔지만 소년은 결코 천연두에 걸리지 않았다. 그리하여 제너는 우두(천연두를 예방하기 위해 소에서 뽑은 면역 물질-옮긴이)가 천연두에 대한 면역을 생기게 한다는 사실을 밝혀냈다.

실험 대상자가 된 제임스 핍스가 제너의 실험에 동의했는지 여부는 알려지지 않았다. 제임스는 아직 어렸다. 그리고 그의 아버지가 제너를 위해 일했기 때문에 실험을 거부하기가 힘들었으리라 짐작된다. 게다가 1800년대와 1900년대에는 아이나 성인에게 치료를 할 때 오늘날처럼 꼭 동의가 필요하지는 않았다. 치료를 하기 전에 환자의 동의를 얻어야 한다는 의료법은 현대에 만들어졌다.

그때는 실험을 할 때 지켜야 할 지침을 정한 그 어떤 법도 없었다. 의

23

에드워드 제너는 천연두 치료법을 찾기 위해 여러 아이들에게 백신을 접종했다
(1815년에 그린 이 그림에서 볼 수 있는 것처럼 자신의 어린 아들에게도 접종을
했다). 1798년, 제너는 천연두 백신이 효과가 있다고 발표했지만 수많은 사람들의
조롱만 받았다. 많은 사람, 특히 교회를 다니는 이들은 병에 걸린 동물에게서 뽑
아낸 물질로 사람을 치료하는 것은 말도 안 된다고 비난했다. 하지만 백신이 천연
두를 예방한다는 사실이 확인되면서부터 천연두 백신은 널리 사용되기 시작했다.

사에게는 치료와 직접 관련이 없어도 질병 치료와 예방을 위한다는 이유로 새로운 치료법을 시도할 수 있는 권한이 주어졌다. 1865년 프랑스의 생리학자 클로드 베르나르는 의사가 새로운 치료법을 적용하거나 시험할 때 도덕적 의무를 지켜야 한다고 했다. 또 히포크라테스 선서에서 말한 "환자에게 해를 끼치지 말 것"을 항상 명심하라고도 했다. 과학 발전에 이바지할 수 있는 중대한 실험이라고 해도 말이다.

그런 베르나르도 죽음을 앞에 둔 여성에게 하는 실험은 잘못이 아니라고 생각했다. 병이나 죄로 인해 죽을 운명에 놓인 사람들은 따로 분류해야 한다고 생각한 것이다. 한 여성 사형수는 베르나르가 시키는 대로 억지로 애벌레를 삼켜야 했다. 이 사형수는 죽은 후 애벌레의 상태를 확인하기 위해 해부되었다. 베르나르는 이 여성은 환자가 아니라 실험 대상일 뿐이라고 해명했다.

환자에게 꼭 동의를 구해야 해?

의사들은 실험에 필요한 자원자를 어떻게 모으고 또 어떻게 동의를 구했을까? 의사들은 환자에게 실험에 대해 언제나 곧이곧대로 사실을 알려줬을까?

1803년, 영국의 내과 의사 토머스 퍼시벌은 《의학 윤리Medical Ethics》라는 책을 펴내면서 "치료가 최우선이고 정직은 그 다음"이라고 썼다.

토머스 퍼시벌은 사실을 알리는 것이 환자나 그 가족, 그리고 지역

사회에 안 좋은 영향을 끼친다면, 그것을 "나중에 알리거나 심지어 알리지 않을 수도 있다"라고 했다. 퍼시벌의 생각은 1847년 미국 의사 협회(AMA)가 정한 제1의 윤리에 반영되었다. 의사가 환자에게 반드시 사실을 말할 필요는 없다는 생각은 1800년대 내내 지속되었다.

특히 위험한 실험을 할 때 실험 대상자에게 사례를 한 의사도 있었다. 1822년, 프랑스계 캐나다인 사냥꾼 알렉시 생마르탱은 배에 총상을 입었다. 미군 외과 의사 윌리엄 보먼트가 생마르탱의 배에 생긴 상처를 꿰매는 수술을 했다. 하지만 상처를 완전히 봉합할 수 없었고, 그 틈으로 음식과 위액이 흘러나왔다. 보먼트는 이 상황을 이용해서 음식의 소화 과정을 연구하기로 결정했다. 생마르탱은 보먼트의 실험에 참가하는 조건으로 1년에 150달러를 받았다. 또한 음식과 옷, 살 집도 받았다. 보먼트는 연구를 위해 생마르탱의 위에 난 구멍에 음식을 집어넣었다가 꺼내는 실험을 반복했다. 보먼트는 생마르탱에게 다양한 음식을 먹게 하기도 하고 금식을 요구하기도 했다.

생마르탱은 분명 비참했을 것이다. 사람들은 그를 "위가 없는 사람"이라며 놀려 댔다. 몇 년 후, 생마르탱은 개업 의사인 T. G. 번팅에게 더 심한 굴욕을 당해야 했다. 번팅이 여러 해 동안 미국 동부와 캐나다를 순회하면서 호기심 많은 구경꾼들에게 생마르탱과 그의 위를 전시한 것이다.

아프리카계 미국인들에게 실험하기

18세기 후반부터 20세기 초까지, 미국과 유럽에서 공개적으로 인체 실험을 전시하고 시연하는 것은 그리 드문 일이 아니었다. 아프리카계 미국인 노예에게는 특히 그랬다. 아프리카에서 온 피그미족, 거인 같은 아프리카 여인, 피부가 하얗게 변한 흑인이 사람들의 구경거리가 되었다. 의사 단체와 일반인 모두 전시회에 몰려들었다. 인종과 진화 이론에 관심이 많던 과학자들과 의사들은 흑인의 몸이 백인과 어떻게 다른지 관찰하기 위해 전시회에 왔다. 전시회는 흑인이 열등하다는 잘못된 믿음을 확인해 줬다.

전시회는 미국의 유명한 서커스 단장 P. T. 바넘에 의해 서커스의 일부로 자리 잡기도 했다. 바넘은 1835년에 사들인 흑인 노예 조이스 헤스를 사람들에게 돈을 받고 구경시켜 줬다. 헤스는 새까맣고 쭈글쭈글한 피부에 치아도 눈도 없었다. 또 다리가 마비되고 팔도 하나뿐이었다. 헤스가 죽은 후, 바넘은 헤스를 뉴욕의 한 외과 의사에게 돈을 받고 팔았다. 외과 의사는 헤스의 시신을 공개적으로 해부했고, 이 장면을 보기 위해 1500명이 50센트씩 지불했다.

만일 여러분이 당시의 흑인 노예였다면 의학 실험에 참여했다고 해도 돈을 받지 못했을 것이다. 또한 그 누구도 실험을 하기 전에 동의를 구하지 않았을 것이다. 의사들은 대신 여러분의 주인에게 실험에 대한 대가를 지불했을 것이다. 일부 의사들은 새로운 치료법을 시험하기 위해 특정한 상태에 있는 노예들을 돈으로 사기도 했다.

1835년, 코네티컷 주의 브리지포트에서 P. T. 바넘의 서커스 공연과 함께 열리는 조이스 헤스의 전시를 알리는 광고 전단. 헤스는 신체장애로 인해 사람들이 돈을 내고 보는 구경거리가 되었다.

앨라배마에서는 외과 의사 제임스 매리언 심스가 노예들에게 소름 끼치는 실험을 한 것으로 유명했다. 심스는 흑인 유아의 머리뼈를 열어서, 농장 아이들에게 심각한 근육 경련을 일으키던 칼슘 경직(혈액 속 칼슘 농도가 낮아져서 생기는 질병-옮긴이) 치료법을 찾아내려 했다. 심스는 구두 수선 도구로 아이의 머리뼈를 으스러뜨렸고, 출산 도중 뼈의 변형 때문에 칼슘 경직이 일어난다는 잘못된 이론을 주장했다.

심스는 여성 노예들에게 한층 더 소름끼치는 수술을 실시했다. 출산 도중 문제가 생긴 노예들은 소변과 대변을 조절할 수 없게 되었다. 이것은 질과 방광 사이에 구멍이 생겨서 질 안으로 오줌이 새어 들어오는 '방광질샛길'이라는 병 때문이었다. 1840년대에 심스는 이 병의 치료법을 찾기 위해 여성 노예들에게 여러 가지 수술을 실험했다. 아나차라는 노예는 30번이나 수술을 받았다. 심스는 수술을 할 때 환자의 고통을 덜어주는 마취제인 에테르에 대해 알고 있었지만 이를 사용하지 않았다. 심스는 마침내 '방광질샛길'의 치료법을 찾았고 연습을 통해 수술법을 완벽하게 익혔다. 이러한 성과를 발판으로 심스는 '미국 산부인과계의 아버지'라는 칭호를 얻었다. 심스는 수많은 훈장을 받았고, 세계 곳곳에 그의 이름을 단 동상이 세워졌다.

대부분의 내과 의사들은 '치료'라는 명목으로 흑인 노예들에게 저지르는 실험에 대해서는 반대하지 않았다. 그러나 노예가 아닌 다른 부류의 사람에게 하는 실험은 옳고 그름에 대해 논쟁했다.

1874년, 30세의 지적 장애인 매리 래퍼티에게 행한 실험은 엄청난 비난을 받았다. 오하이오 주의 의사들은 래퍼티의 두피에 생긴 암 덩어리를 제거하는 수술을 했지만 성공하지 못했다. 로버츠 바솔로라는 의사는 래퍼티가 곧 죽게 되리라는 사실을 알게 되자, 이 기회를 이용해 그녀의 뇌에 고통스러운 전극 실험을 하기로 했다. 열려 있던 뇌에 전류가 흐르자 래퍼티는 극심한 고통으로 온몸을 비틀었고 비명을 질렀다. 래퍼티가 죽은 후 부검을 통해 그녀의 뇌가 손상되었다는 사실이 드러났다.

바솔로는 미국 의사 협회로부터 환자에게 해를 끼치지 말아야 한다는 윤리적 의무를 다하지 않았다고 질책을 당했다. 과학 실험으로 환자에게 상처를 입힐 정당한 이유는 없다며 말이다. 바솔로는 래퍼티의 동의를 구했다고 해명했다. 하지만 많은 이들이 지적 장애인의 동의에 대해 의문을 표했다.

과학자가 된 의사들

19세기에 의사들은 실험 대상자의 동의에 대해, 그리고 실험과 치료의 구분에 대해 혼란스러워했다. 1870년대에 박테리아, 약, 그리고 백신이 새로 발견되면서 인체 실험의 필요성은 더욱 커졌다. 의사들은 엑스레이, 위에 꽂는 가느다란 위관 같은 혁신적 기술에 관심을 보였다. 미래를 바꿀 새로운 진단법과 치료법이 나타났다며 흥분을 감추지 못했다. 그리고 이 것들을 사람에게 직접 실험해 보고 싶어 했다.

의사의 역할에도 중대한 변화가 시작되었다. 의사들은 더 이상 다양한 치료법을 관찰하고 시험하는 역할에 머물지 않았다. 이제 이상적인 의사는 과학자였다. 의사의 권위와 지식은 실험에서 나왔다.

또한 의사들은 실험을 위해 새로운 기관, 곧 병원을 이용하게 되었다. 미국 남북 전쟁(1861~1865년)이 일어나기 전까지 병원은 아프고 도움받을 곳 없는 가난한 사람들을 치료하는 곳이었다. 하지만 남북 전쟁이 끝난 후, 병원은 의학을 펼치는 기관으로 바뀌었다.

자신의 침실이나 의사의 진료실처럼 사적이고 친근한 장소에서 치료받는 것을 선호하던 중류층과 상류층 사람들도 병원을 찾기 시작했다. 미국의 병원은 1873년과 1909년 사이에 178곳에서 4359곳으로 늘어났다. 병원이 늘어나면서 병원에 대한 흉흉한 소문 역시 많이 떠돌았다. 예를 들어 사람들 사이에서는 거리를 떠도는 흑인들을 납치해 병원으로 데려가 실험 대상으로 쓴다는 '심야 의사들'에 대한 소문이 자자했다.

인간 기니피그

생체 해부는 원래 '살아 있는 유기체에 대한 해부'를 뜻했다. 하지만 이 용어는 1800년대에 동물과 사람을 포함한 모든 종류에 대한 실험으로 의미가 확대되었다. 아일랜드의 극작가 조지 버나드 쇼는 생체 해부 반대론자로도 유명했다. 쇼는 1913년에 '인간 기니피그'라는 용어를 제일 처음 만들었다. 쇼는 이렇게 말했다. "생체 해부 찬성론자들은 아이를 기니피그 정도로만 생각하는 바보들이다. 세계를 위해서라면 그 어떤 실험도 괜찮다는 말인가?"

생체 해부 반대 운동

1800년대 말, 생체 해부 반대론자들이 인체 실험을 금지하라는 구호를 외쳤다. 그들은 살아 있는 생명체에 대한 수술과 실험을 반대했다. 그리하여 동물 실험 역시 반대했다. 그들은 과학의 급속한 발전으로 인해 의사들이 환자를 위한 치료법을 찾기보다 과학 지식을 위해 실험하게 될까 봐 걱정했다.

미국 전 도시에 생체 해부 반대 협회가 생겨나기 시작했다. 인도적인 실험을 옹호하던 앨버트 T. 레핑웰을 비롯한 생체 해부 반대론자들은 1897년 이탈리아의 미생물학자 주세페 사나렐리가 실시한 황열병 실험에 대해 크게 분노했다.

열대 악성 전염병인 황열병은 1898년 미국-에스파냐 전쟁에 참가한 수많은 미군들을 죽음으로 내몰았다. 당시 미국 남부에서도 황열병이 유행했다. 과학자들은 미국의 영토로 편입된 필리핀과 쿠바(두 나라 모두 열대 기후임)에서 이 병의 치료법을 찾기로 결정했다.

사나렐리는 자신이 황열병을 일으키는 세균을 찾아냈다고 착각했다. 그는 병원에 있던 5명의 환자에게 비활성(죽은) 병균이 든 용액을 주입하면서도 사전에 동의를 구하지 않았다. 죽은 사람은 없었지만 5명 모두 고열이 나고 현기증과 구토 증세가 심했다.

이 실험으로 인해 과학을 위한 생체 실험을 금지하는 법률을 제정하라는 목소리가 높아졌다. 사람들은 환자보다 과학을 위한 실험은 옳지 않다며 맹렬히 비난했다.

황열병 실험과 사전 동의

1900년대 초, 연구자들은 사람을 동의가 필요 없는 기니피그를 다루는 것처럼 보이지 않기 위한 방법을 찾기 시작했다. 연구자들은 먼저 자신에게 실험을 해서 조금이나마 비판을 모면했고, 자원자에게 서면으로 동의를 구하거나 사례를 하기도 했다. 1900년 미군의 내과 의사 월터 리드가 이끈 황열병 실험 부대는 이 3가지 방법을 모두 활용했다.

실험 부대를 지휘하던 리드 소령은 쿠바로 가서 모기가 황열병을 옮기는 매개체인지를 직접 확인하기로 결정했다. 리드의 군의관들은 다른 사람에게 실험을 하기 전에 먼저 자신에게 실험해 보기로 했다. 제임스 캐럴과 제시 러지어가 모기에게 여러 차례 물린 후 심하게 앓기 시작했다. 결국 러지어는 세상을 떠났다(이 무렵 워싱턴에 있던 리드 소령은 자신에게는 실험을 하지 않았다).

황열병 실험으로 러지어가 세상을 떠났음에도 불구하고 미군들과 에스파냐 이민자들은 줄지어 실험에 자원했다. 실험을 시작하기 전, 리드 소령은 자원자들에게 동의서에 서명을 해달라고 요청했다. 또 자원자 각자에게 100달러를 지급하고, 실험 도중 병에 걸린 사람들에게는 100달러를 추가로 지급하기로 했다. 실험 대상자가 병에 걸렸을 경우에는 의료보험을 무상으로 제공하기로 했다. 하지만 몇몇 사람은 이 같은 사례를 거절했다. 그들은 그저 치료법을 찾길 바라는 마음에서 자원을 한 것이라고 했다.

이 실험을 통해 모기가 치명적인 황열병 바이러스를 옮긴다는 사실이

쿠바 하바나의 컬럼비아 기지에 주둔한 의무 부대 대원들이 1900년, 월터 리드 소령이 이끄는 황열병 실험에 자원했다. 이 군인들은 의학 역사에서 처음으로 실험 동의서를 작성한 피험자들이었다.

증명되었다. 리드 소령과 군의관들은 황열병 바이러스의 발견자이자 의학을 위해 생명의 위험을 무릅쓴 용기 있는 의사들의 상징이 되었다. 이 실험은 또한 실험 대상자를 보호하기 위한 중요한 방안을 마련했다. 자원자들에게 실험 동의서를 받기 시작한 것이다. 또한 건강한 사람도 사전에 실험의 위험성을 듣고 동의한다면 실험 대상자가 될 수 있는 계기를 만들었다.

가장 힘없는 사람들에게 행해진 실험들

1900년대 초, 수많은 의학 실험에 아이들이 이용되었다. 예를 들어 1911년에 뉴욕 시의 록펠러 의학 연구소에서 근무하던 미생물학자 노구치 히데요는 성병인 매독 연구 실험을 공개적으로 진행했다. 그는 동물에게 먼저 실험을 한 뒤 자신과 다른 내과 의사들에게 실험을 했다. 그리고 의사 15명의 협조를 받아서 실험 대상자 400명을 모집했다. 이 중 건강한 실험 대상자 46명이 고아였고 그중에는 2세 아기도 있었다. 또 다른 아이들과 성인 피험자 100명은 다른 질병으로 치료를 받던 환자였다. 이들 중 누구도 매독을 일으키는 비활성 스피로헤타(매독균)가 든 루에틴 용액 주사를 맞는 실험에 동의한 적이 없었다.

　참가자 중에서 루에틴 주사로 인해 매독에 걸린 사람은 없었다. 그럼에도 생체 해부 반대론자들은 부모가 없거나 법적 보호자가 없어서 보호를 받지 못하는 고아들에게 동의도 없이 실험을 한 것에 대해 특히 분노했다. 생체 해부 조사 연맹은 자신들이 발간한 소형 책자에서 다음과 같이 주장했다. "병원과 보육원에 있는 아이들이 어리다는 이유로 그들의 동의를 구하지도 않고 실험 재료 같은 취급을 받아도 괜찮은 걸까요?" 뉴욕 아동 학대 금지 협회가 노구치를 고소했지만, 맨해튼 검찰청은 이 사건을 기소하지 않기로 결정했다.

그 이후로도 이런 일은 많이 있었다. 뉴욕 시 고아원의 아이들은 자신도 모르는 사이에 실험 대상자가 되었다. 연구자들은 괴혈병에 대해 연구하기 위해 아이들에게 괴혈병 증상이 나타날 때까지 오렌지주스를 먹이지 않았다. 그리고 아이들이 건강을 회복한 후에도 또 다시 오렌지주스를 주지 않았는데, 이것은 병이 재발하는지를 확인하기 위해서였다.

의학 전문 학술지 〈미국의 의학American Medicine〉 기자들은 대중을 더욱 분노하게 했다. 괴혈병 실험이 고아들을 이용한 것이 아니라 "자신들이 받는 보살핌에 대해 지역에 보답"할 기회를 줬다는 기사를 쓴 것이다. 몇몇 아이들은 병이 다 낫지 않았지만, 실험으로 아이들에게 끼친 해는 아주 작기 때문에 이 거래는 합당한 것이라고 했다.

수감자와 군인에 대한 실험 문제 또한 수면 위로 떠올랐다. 1915년, 연구자들은 미시시피 교도소의 수감자 12명에게 6개월 동안 식사로 옥수수 시럽과 비스킷, 돼지고기, 옥수수빵만 줬다. 빈약한 식사가 비타민 B3 부족으로 생기는 치명적인 펠라그라(홍반병)의 원인인지 확인하고 싶던 것이다. 미시시피 주지사는 실험에 자원하는 수감자를 석방해 주겠다고 약속했다. 또 수감자들이 석방된 이후에는 그들에게 곧장 무상 의료 보험을 제공하겠다고도 했다.

생체 해부 반대론자들은 미시시피 주지사의 약속을 강압의 일종일 뿐이라고 생각했다. 생체 해부 반대론자 다이애나 벨레이스는 수감자들이 스스로의 생각만으로 "의학을 위해 자신을 희생하기는" 힘들다고 했다.

군인을 대상으로 하는 의학 실험은 보통 자발적인 동의를 거쳤다. 제 1차 세계대전(1914~1918년) 동안 미 육군의 외과 의사들은 장티푸스 보균자 군인들의 쓸개를 제거하는 수술을 했다. 수술을 통해 전염병이 퍼지는 것을 막을 수 있는지 확인하려 했던 것이다. 군인들은 상관의 명령을 따르지 않으면 불복종으로 처벌받을 수 있었다.

제2차 세계대전이 일어나기 몇 해 전, 연구자들은 어린아이들에게 나타나는 소아마비와 홍역 같은 질병의 치료법을 찾기 위해 매달렸다. 연구자들은 또 다시 어린아이들에게 백신을 시험했다. 하지만 몇몇 시험에 한해서는 아이의 부모에게 동의를 받았다. 이러한 관행은 또 다른 논란을 불러일으켰다. 과연 부모가 아이 대신, 실험에 참여하겠다는 의사를 밝혀도 되는 걸까? 말을 못하는 어린아이는 어떤가, 과연 몇 살 어린이까지 실험에 참가하는 것을 허용해야 하는 걸까?

1930년대에 병리학자 존 A. 콜머가 활성화된 소아마비 바이러스를 동물에게 시험하고 난 후에 자신과 자신의 두 아이에게 실험을 했다. 부모의 동의를 받은 또 다른 아이 23명에게도 소아마비 바이러스를 접종했다. 통틀어 300명 정도의 아이들이 백신을 맞았다. 그중 9명이 사망했다. 미국은 경악을 금치 못했고, 그 공포로 인해 1956년까지 소아마비 백신 연구는 침체기를 맞았다.

영웅일까, 학대자일까?

대부분의 미국인들은 개인의 권리를 침해하면서까지 인체 실험을 한 의사들에게 크게 분노했다. 이것은 심각한 학대라고 생각했다. 하지만 의사들, 그리고 의학계와 과학계는 수많은 새로운 진단법과 치료법에 대해 자신만만해했다. 의사는 대단한 존경을 받는 직업이었고 특히 실험하는 의사들은 영웅으로 생각되었다.

의사들은 몇 년 동안 인체 실험을 금지하는 법률을 만들고자 하는 시도에 저항했다. 법률이 의학과 치료법의 발전을 가로막을까 두려웠기 때문이다. 의사들은 또한 법률로 인해 소송에 휘말리게 될까 봐 근심했다. 의사들은 스스로 의학 윤리를 실천할 수 있다고 자신했다.

그런 와중에 제2차 세계대전이 일어났다. 전쟁 기간 동안 과학이라는 이름으로 수많은 잔혹한 행위가 벌어졌고, 그 때문에 인체 실험의 개념과 방법이 완전히 바뀌었다.

주인공이 된 의사들

1930년대에는 황열병 실험을 실시한 의사들뿐만 아니라 연구원들 이야기가 〈흰 옷을 입은 사람들Men in White〉과 〈황열병Yellow Jack〉 같은 영화에 등장했다. 또한 탄저병과 광견병 백신을 개발한 프랑스의 생화학자 루이 파스퇴르나 인슐린 추출에 성공한 캐나다의 생리학자 프레더릭 밴팅과 찰스 베스트의 이야기도 영화로 만들어졌다. 의학 전문 기자인 폴 드 크루프는 1926년에 박테리아와 다른 미생물을 연구하고 발견한 과학자와 의사, 공학자에 대한 책 《미생물 사냥꾼Microbe Hunters》을 발간했다. 미국인 최초로 노벨문학상을 받은 싱클레어 루이스는 1925년에 소설 《애로스미스Arrowsmith》에서 의사를 찬양했다. 이 소설은 나중에 영화로 만들어졌다.

1934년 영화 〈흰옷을 입은 사람들〉에 출연한 클라크 게이블(왼쪽)과 엘리자베스 앨런(오른쪽). 두 배우는 조지 퍼거슨이라는 젊은 의사와 바버라 데넘이라는 간호사 역할을 맡았다. 두 사람은 환자들을 돌보면서 마음을 나누고 사랑하는 사이가 된다.

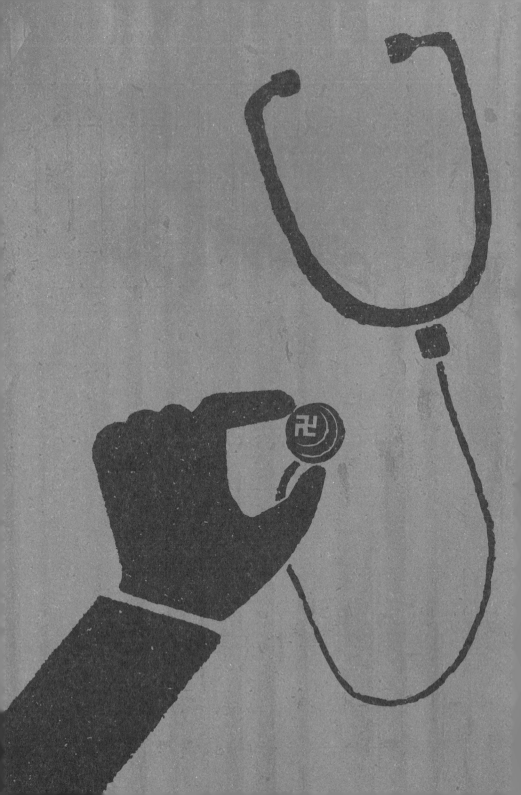

2
죽음의
수용소에서

나치의 인체 실험

제게

일어난 일이

다른 사람에게는

결코

일어나지 않기를

바랍니다. (……)

과학자들은 연구를

계속해야겠죠.

하지만 사람에게

실험을 해야 한다면

도덕적 의무를 다하고

인권과 생명의 존엄성을

절대 잊어서는 안 됩니다.

1992년, 나치 강제 수용소의 생존자
에바 모제스 코르

1944년 봄, 독일 나치 군이 루마니아 트란실바니아의 어느 집에서 10세가 된 에바 모제스 코르와 소녀의 가족을 체포한 뒤 강제로 가축 수송 열차에 태웠다. 에바 가족은 루마니아의 시골 마을에서 폴란드의 비르케나우 강제 수용소(아우슈비츠 제2수용소)로 끌려갔다. 에바는 "비좁은 열차 칸에 수많은 사람들이 갇히다 보니 악취가 무척 심했습니다"라고 말했다. 에바 가족의 죄는 유대인이라는 것뿐이었다.

강제 수용소에 도착하자 가축 수송 열차 문이 열렸다. 나치 군인들이 가족들을 떼어 내고 남자와 여자를 분리했다. 말을 듣지 않는 사람들은 총을 쏴서 죽였다. 에바의 아빠와 두 언니는 사람들에 휩쓸려 사라졌다. 한 군인이 에바와 쌍둥이 언니 미리암을 철도 플랫폼 한쪽으로 밀어붙였다. 다른 군인은 에바의 엄마를 어디론가 끌고 가버렸다. 에바는 다시는 엄마와 아빠, 그리고 두 언니를 보지 못했다.

강제 수용소에서는 일을 할 수 있는 건강한 유대인만 살아남았다. 물론 그들도 일을 할 수 있을 정도로 튼튼하고 건강할 때까지만 살 수 있었다. 심신이 허약한 사람들, 노인과 아이들은 즉시 죽임을 당했다. 수많은 사람들이 가스실에서 죽었다. 일부는 '시체 소각장'이라는 가마에서 불에 타 죽었다. 그렇지만 에바와 미리암은 쌍둥이라서 죽이지 않았다. 나치가 에바 자매를 죽이지 않은 이유는 단 하나였다. 그것은 바로 이들에게 인체 실험을 하기 위해서였다. 누구도 에바와 미리암이 어떤 일을 당하게 될지 알려 주지 않았다. 누구도 자매의 고통을 조금이라도 덜어 줄 생각을 하지 않았다. 나치 의사들은 에바와 미리암이 유대인이라

에바(맨 왼쪽)와 쌍둥이 언니 미리암(에바 옆, 뒷줄)은 나치 의사 요제프 멩겔레가 아우슈비츠 강제 수용소에서 인체 실험을 했던 수많은 유대인 희생자 중 일부였다. 쌍둥이 자매는 제2차 세계대전 동안 강제 수용소에 갇혀 있었다. 이 사진은 1945년, 수용소가 해방되었을 때 찍은 것이다.

는 이유로 자기들이 하고 싶은 대로 실험을 했다. 사실 당시에 이뤄진 대부분의 실험은 유대인이 열등하다는 것을 증명하기 위한 것이었다.

죽음의 천사, 요제프 멩겔레

요제프 멩겔레는 아우슈비츠에서 온갖 실험을 지시한 30명의 의사 중에서 가장 악랄하고 지독했다. 멩겔레는 에바와 미리암 같은 쌍둥이뿐 아니라 장애가 있는 사람들을 대상으로 실험을 했다. 귀가 멀었거나, 등이 굽었거나 또 다른 기형이 있으면 더할 나위 없이 좋은 실험 대상자였다. 멩겔레는 머리 색깔에도 관심이 있었고, 특히 눈 색깔이 다른 사람들에게 관심이 많았다. 그는 사람들의 안구를 수집한 뒤 눈 색깔을 바꾸는 게 가능한지 알고 싶어 했다.

전쟁이 끝났을 때, 에바는 멩겔레의 실험을 견뎌야 했던 두려움과 공포에 대해 털어놓았다. 에바는 이렇게 말했다.

"제 어린 시절을 돌아보려면 비르케나우에서 요제프 멩겔레의 인간 기니피그로 살았던 경험을 다시 떠올려야 합니다. 그 끔찍했던 시절을 이야기하기 위해 인체 실험에 대한 공포를 다시 겪어야 했습니다. 그곳에서 사람은 그저 과학을 위한 재료와 도구에 불과했습니다. 굴뚝에서 나오는 연기와 살이 타는 냄새, 주사기, 끝없이 반복된 혈액 검사, 실험 도구들, 사방에 널린 시체들, 굶주린 사람들, 쥐들의 모습이 아직도 눈에 선합니다. 그곳에는 사람답다고 할 만한 게 하나도 없었습니다."

45

요제프 멩겔레는 쌍둥이들에게 2가지 실험을 했다. 하나는 특정한 질병의 유전적 기원을 찾는 실험이었고, 다른 하나는 세균전에서 어떻게 세균을 퍼뜨릴지에 관한 실험이었다. 유전자 구조가 동일한 일란성 쌍둥이는 유전과 환경의 영향 관계를 연구하는 데 이상적인 대상이었다.

자매가 비르케나우에 끌려오고 몇 달 뒤, 의사들은 멩겔레의 감독 하에 에바를 아프게 할 병균 주사를 놓았다. 에바는 의사들에게 열이 나는 것을 들키지 않기 위해 애를 썼다. 자신이 아프다는 사실을 알게 되면 미리암과 떨어뜨려 놓으리라는 것을 알았기 때문이다.

"저는 움직이고 비명을 지르는 해골들이 가득한 막사에 갇혀 있었습니다." 에바는 기억을 떠올렸다. "일주일에 2번씩 트럭이 와서 시체와 다름없는 사람들을 실어 가곤 했습니다."

의사들은 에바에게 물과 음식을 주지 않았다. 에바가 죽기를 바란 것이다. 그러면 미리암도 죽인 다음 해부를 해서 쌍둥이 자매의 몸을 비교할 생각이었다.

에바는 절대 죽지 않겠다고 마음을 다잡았다. 에바는 체온계를 조작하는 방법을 알아냈고, 그리하여 의사들에게 자신이 회복되고 있다고 생각하게 했다. 마침내 에바는 병원에서 풀려났다. 자신의 막사로 돌아온 에바는 무척 아파하는 미리암을 발견했다. 에바가 호전되는 듯하자 의사들이 이번에는 미리암에게 병균을 주입했던 것이다.

제2차 세계대전 동안 아우슈비츠 강제 수용소에서 군의관으로 활약했던 요제프 멩겔레(왼쪽에서 두 번째, 팔짱을 낀 사람)를 비롯한 나치 친위 대원들. 멩겔레의 끔찍한 실험은 에바와 미리암 같은 쌍둥이에게 집중되었다.

나치 의사의 실험들

나치 의사들은 제2차 세계대전 동안 강제 수용소에서 온갖 종류의 잔혹한 실험을 했다. 아래에 적힌 실험은 그중 일부일 뿐이다.

• 독일 남부에 있는 다하우 강제 수용소에서는 알몸의 수감자들을 얼음이 얼 정도로 추운 바깥에서 9~14시간 동안 있게 하거나 얼음장 같은 찬물 속에 들어가게 했다. 이는 비행기 조종사가 엄청나게 추운 북해에서 낙하했을 때 일어날 상황을 모의실험으로 알아본 것이다.

• 다하우 강제 수용소의 의사들은 수감자들을 완전히 밀폐된 방에 가둔 후 산소 양을 줄였다 늘렸다 하면서 공기의 압력을 조절했다. 조종사가 산소나 낙하산 없이 허공으로 자유 낙하했을 때 일어날 상황을 알고 싶었던 것이다.

• 의사들은 독일 나츠바일러–슈트루토프 강제 수용소와 작센 하우젠 강제 수용소 수감자들에게 겨자 가스(피부, 눈, 신체 기관에 손상을 주는 화학 물질)를 이용한 다양한 실험을 했다. 겨자 가스를 주입하거나 흡입하거나 마시게 한 것이다. 또 수감자들 몸에 상처를 내서 겨자 가스를 문지르기도 했다. 독일 북부에 있는 라벤스브루크 여성 수용소에서는 수감자의 살을 째고 깨진 유리, 박테리아, 나무 조각을 집어넣기도 했다.

• 독일 부헨발트 강제 수용소와 다하우 강제 수용소, 나츠바일러–슈트루토프 강제 수용소에서는 의사들이 말라리아와 티푸스, 황열병을 비롯한 치명적인 전염병의 치료법을 찾기 위해 실험을 했다.

• 다하우강제 수용소에서는 수감자들에게 아주 짠 바닷물을 강제로 마시게 했다. 선원이나 조종사가 조난을 당했을 때 바닷물을 마실 수 있는 방법을 찾기 위한 실험이었다.

• 부헨발트 강제 수용소에서는 사람을 가장 효과적으로 죽이는 방법을 연구하기 위해 수감자들에게 독이 든 음식을 먹였다.

• 아우슈비츠와 부헨발트, 라벤스브루크 강제 수용소에서는 의사들이 불임 수술 실험을 했다. 성욕을 억제시키는 화학 물질 주사, 수술과 엑스레이 검사 등이 실시 되었다.

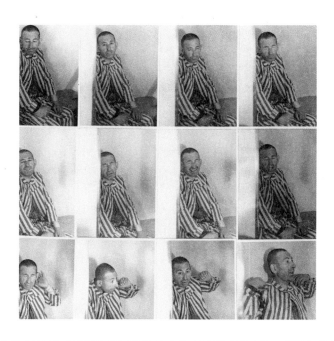

나치 의사들은 물속에서 압축 공기를 마시고 난 뒤에 물 밖에서 천천히 압력을 내려 몸에 남아 있는 질소를 빼내는 감압 과정을 연구했다. 이 과정에서 인체가 어떤 반응을 보이는지 알기 위해 유대인 수감자를 압축 공기를 채운 방에 들어가게 했다. 의사들은 이 수감자가 죽음에 이르는 모든 과정을 사진으로 찍어서 기록했다. 이 수감자는 물속에서 질식해 죽었다고 한다.

49

인종 위생학

아픈 사람들을 치료하라고 교육받은 의사들이 어떻게 이렇게 잔혹한 실험에 가담할 수 있었을까? 이에 답하기 위해 역사학자들은 당시 독일이 처한 상황에 주목해야 한다고 말한다.

독일도 다른 나라들처럼 인구 증가로 인해 빈민가가 급속히 확장되고 있었다. 가난한 사람들이 몰려 살던 빈민가는 위생 환경이 열악해서 전염병이 들끓었고 전파도 빨랐다. 많은 독일인이 이러한 현실을 그곳에 사는 '열등한' 사람들 탓으로 돌렸다. 범죄자와 장애인, 정신적으로 문제가 있는 사람들 때문에 이런 일이 생겼다고 비난했다. 이러한 의견에 동조하는 독일인들은 열등한 사람들이 결혼을 해서 아이를 낳는 것을 막고 싶어 했다. 이 비뚤어진 생각에서 '최고의' 자질을 가진 독일인만이 살아남을 가치가 있다는 그릇된 신념이 생겨났다. 그리고 이 독일인들은 자신들의 자손이 가장 우월한 인간 종이 될 거라고 장담했다.

수많은 독일인 의사들이 인종 위생학(독일의 우생학-옮긴이)에 끌렸다. 위생학 정책이 독일의 미래 세대를 특정 질병으로부터 막아줄 거라고 기대했다. 범죄 행동 같은 사회적 질병도 예방할 수 있을 거라고 생각했다. 독재자 아돌프 히틀러의 지휘 아래, 의사들은 독일 사회에 만연한 '전염병'을 '치료'하라는 격려를 받았다.

나치 정부는 인종 위생학을 실행하기 위한 법률과 정책을 만들었다. 그중에는 실명이나 난청, 신체 기형 같은 유전적 장애를 가지고 태어난 사람들이 아이를 가질 수 없도록 불임 수술을 강요하는 단종법도 있었다. 이 법률에 따라 35만여 명 이상의 독일인이 강제 불임 수술을 받았다. 1939년, 독일 의사들은 히틀러의 명령에 따라 정신 질환자와 장애인, 그리고 계속 살아갈 '가치가 없다'고 판단되는 사람들을 죽음으로 내몰았다.

유대인 또한 열등하다고 생각됐고 '게토'라는 비좁고 더러운 빈민가에 강제로 몰려 살았다. 1941년에 나치는 거리에서 체포한 유대인들을 가스실 안에 몰아넣고 가스를 살포하거나 총으로 쏴서 죽였다. 유대인 수백만 명이 쌍둥이 자매 에바와 미리암처럼 강제 수용소에 갇혔다.

독일 의사들은 인종 위생학을 실행하기 위한 법률과 정책이 마련되자 강제 수용소에 감금된 사람들에게 온갖 잔혹한 실험을 했다. 유대인을 비롯해 집시, 동성애자, 기형과 장애가 있는 사람들, 러시아인과 폴란드인 같은 슬라브인들도 실험에 동원되었다. 나치 정부에 반대하거나 공산주의와 사회주의처럼 다른 정치 이념을 가진 사람들 또한 강제 수용소에 갇혔다. 나치가 볼 때, 이 열등한 사람들은 실험 대상으로 아주 적합했다.

뉘른베르크 강령

1945년, 독일이 전쟁에 패하면서 강제 수용소에 갇혀 있던 수감자들이 풀려났다. 생존자들의 증언에 의해 강제 수용소에서 벌어진 잔혹 행위가 알려졌고 세계가 경악했다. 1946년 10월부터 1949년 4월까지 미국은 독일 뉘른베르크에서 '의사 재판'이라고 알려진 특별 군사 재판을 열었다. 나치 의사와 군의관 23명이 전쟁 범죄와 반인류 범죄를 저지른 혐의로 법정에 섰다. 이들의 범죄는 사실로 확인되었다. 15명이 유죄 판결을 받았고 7명이 무죄 판결을 받았다. 추가로 기소된 내과 의사 1명은 약한 처벌을 받았다. 유죄 판결을 받은 의사 7명이 교수형에 처해졌다. 나머지 의사들은 징역형을 선고받았고, 그중 일부가 종신형을 받았다. 에바와 미리암에게 실험을 했던 요제프 멩겔레는 1945년, 전쟁이 끝나자마자 체포되었다. 하지만 멩겔레가 했던 실험에 대해 알지 못한 관리들이 그를 풀어줬다. 이후 멩겔레는 남아메리카로 도망쳤다. 그는 브라질의 어느 휴양지에서 수영을 하다가 심장 마비를 일으켜, 1979년 2월 7일에 사망했다.

기소된 나치 의사가 23명뿐이라 소수의 '미치광이'가 끔찍한 인체 실험을 저질렀다고 생각하기 쉽다. 하지만 독일 의료계 전체, 다시 말해 모든 의사와 간호사, 공공 보건 관리들이 잔혹 행위에 가담했음을 기억해야 한다. 이들 모두가 비난을 받아야 한다.

뉘른베르크 재판이 열리는 동안, 나치 의사들은 자신들이 한 일에 대해 유감스러워하거나 부끄러워하지 않았다. 오히려 자신들이 저지른 비인간적인 실험을 옹호했다. 의사들은 전쟁 중에는 나라를 위해서 옳고 그름의 판단을 유보할 수 있어야 한다고 했다. 더 많은 사람을 구할 수 있다면 몇몇 사람에게 해를 끼쳐도 괜찮다고 주장한 것이다. 게다가 잘못은 개인이 아닌 정부가 저질렀다고 했다. 자신들은 정부의 명령을 따랐을 뿐이라고 변명했다.

그에 덧붙여 강제 수용소의 수감자들은 어차피 죽을 운명이었고 실험 대상자들은 다른 사람들보다 나은 대우를 받았다고 했다. 심지어 실

빌헬름 베이글베크(서 있는 사람 중 왼쪽)는 1946년 11월에 열린 독일의 뉘른베르크 재판에서 자신의 혐의에 대해 무죄를 주장했다. 베이글베크는 독일 나치 공군의 군의관이었다. 그는 바닷물이 사람에게 미치는 영향을 알아보기 위해 수감자들에게 강제로 바닷물을 먹여 유죄를 선고받았고 징역 15년에 처해졌다. 뉘른베르크 재판은 인간을 대상으로 한 실험을 실시할 때 지켜야 할 기준을 규정한 뉘른베르크 강령을 선포했다.

험 대상자들에게 "몸을 청결히 할" 기회를 줬다고 말한 의사들도 있었다. 또한 이 의사들은 자신들이 도덕과 윤리 문제에 대해 생각해 볼 수 있도록 하는 교육을 받지 못했다고 주장했다. 자신들은 과학자로서 실험을 한 것뿐이라고 했다. 책임은 옳고 그름을 결정했던 다른 사람들이 져야 한다고도 주장했다. 그들은 독일의 건강과 행복을 위협하는 열등한 사람들은 죽어도 된다는 이유를 대기도 했다. 그리고 독일 의사들이 한 실험은 미국 의사들이 죄수에게 했던 실험과 다를 바 없다고 주장했다.

뉘른베르크 의사 재판의 가장 중요한 성과는 뉘른베르크 강령을 선포한 일이었다. 재판부는 사람을 대상으로 실험을 할 때 지켜야 할 윤리 기준 10가지를 작성했다. 첫 번째 조항이자 가장 중요한 기준은 실험 대상자의 동의를 받아야 한다는 것이다. 이 조항은 실험 대상자는 반드시 자발적으로 실험에 참여해야 한다고 규정했다. 이것은 그 누구도 강요나 협박에 의해 실험에 참가해서는 안 된다는 뜻이다.

또 인체 실험을 하기 전에 반드시 실험의 내용과 위험성에 대해 설명해야 한다고 했다. 강령은 또 다른 중요한 조건들도 마련했다. 사람에게 실험하기 전에 동물에게 실험할 것, 실험 대상자에게 정신적·신체적으로 해가 되는 행위를 하지 말 것, 실험 대상자가 원하지 않으면 실험을 즉시 중단할 것 등이 그것이다.

뉘른베르크 강령은 이후 의학 윤리와 인체 실험에 대한 법률을 만드는 데 기본 틀이 되었다. 강제 수용소에서 살아남은 생존자이자 노벨 인권상 신설을 주장하는 엘리 위젤은 이렇게 말했다. "(나치 살인자들은) 선과

악을 구별할 줄 몰랐다. 그들은 현실을 이해하는 것에 장애가 있었다. 그들의 눈에 사람은 사람이 아니었다. 사람은 그저 추상적인 개념일 뿐이었다. 뉘른베르크 재판과 뉘른베르크 강령의 가장 중요한 유산은 바로 이것이다. 인체 실험을 할 때 사람을 유일무이한 존재로 보고 또한 목적 그 자체로 보는 인권 존중을 요구한 것이다."

에바 모제스 코르와 미리암 자매는 요제프 멩겔레의 실험실에서 살아남았다. 어른이 된 에바는 나치 실험으로 희생된 어린이들을 위한 변호사가 되었다. 또 미국 인디애나 주 테러호트에 CANDLES('잔혹한 아우슈비츠 유대인 실험에서 살아남은 어린이들Children of Auschwitz Nazi Deadly Lab Experiments Survivors'의 줄임말) 홀로코스트 박물관과 교육 센터를 열었고, 전 세계를 돌면서 의학 윤리, 용서와 평화에 대해 강연을 한다. 에바가 말한 인체 실험의 위험성에 대한 경고가 귓가에 맴돈다. "세계의 과학자들은 인류를 위해서 연구해야지 과학을 위해서 연구하면 안 됩니다. 과학자들은 자신과 자신에게 의지하는 사람들을 따로 생각해서는 절대 안 됩니다."

미국의 우생학

독일 정부는 인종 위생학을 국가 정책으로 정해서 잔인하고 극단적인 수단을 총동원하여 이를 실행했다. 그런데 미국에서는 이런 생각이 오래전부터 널리 퍼져 있었고, 1883년 영국의 과학자 프랜시스 골턴은 사촌 형인 찰스 다윈의 진화론에 영향을 받아 이런 생각을 가리키는 '우생학'이라는 개념을 만들었다.

골턴과 다른 우생학자들은 인간 종족을 개선하기 위해 최고의 자질을 지닌 사람들끼리 결혼을 해서 아이를 낳아야 한다고 주장했다.

1800년대와 1900년 초에 유대인, 아일랜드인, 이탈리아인 같은 유럽 대륙의 다른 민족들이 미국으로 이민을 오자 우생학자들은 미국인의 정체성이 사라질까 봐 두려워했다. 그들은 또한 가난한 사람들과 범죄자들, 지적 장애인들이 정부의 재정에 부담을 주어 세금이 늘지는 않을까 걱정스러워했다. 1910년 뉴욕의 콜드 스프링 하버에서 우생학 기록 사무소가 문을 열었다. 사무소는 인종과 유전, 그리고 이와 비슷한 문제에 대한 자료를 보관했다. 수많은 사회 저명인사들이 우생학을 지지했는데, 그중에 시어도어 루스벨트 대통령과 찰스 윌리엄 엘리엇 하버드대학 총장도 있었다.

나치들은 미국의 우생학 운동을 부러워했다. 히틀러는 미국의 우생학자들에게 우생학에 관한 책을 써준 것에 대해 편지로 고마움을 전하기도 했다. 하지만 미국이 한 발 앞서 완벽한 인종 개량을 이룰까 봐 걱정했다.

1920년대부터 1970년대까지, 우생학을 이유로 전 세계 32개 나라에서 불임 수술이 실시되었다. 미국에서만 6만여 명이 강제 불임 수술을 받았다. 강제 불임 수술을 받은 사람들은 정신 질환자나 가난한 10대, 강간당한 어린 소녀들, 뇌전증(간질)을 앓는 사람들과 정신 지체자들이었다.

미국의 우생학 맹신자들은 박람회에서 열리는 우량아와 건강 가족 선발대회를 후원했다. 이 사진은 1900년대 초반에 캔자스에서 열린 선발대회 모습이다. 대회의 심사 기준은 아이와 가족의 신체 건강, 성격과 지적 능력이었다. 우승한 아기와 가족에게는 메달과 우승컵이 주어졌다.

3

전쟁이라는
이름으로

맨해튼 프로젝트와 방사능 실험

너무나 끔찍해서
충격에서 헤어날 수 없었습니다.
배가 뒤틀리고
가슴이 찢어질 듯했습니다.

헤이즐 오리어리 미국 에너지부 장관,
1993년, 제2차 세계대전 직후 수년 동안 비밀리에
진행된 미국 방사능 실험을 비난하면서.

1945년 3월의 어느 날 아침, 테네시 주 오크리지에 사는 55세의 아프리카계 미국인 건설 노동자 엡 케이드가 일터로 가기 위해 차에 올라탔다. 그는 뒷 좌석에 자리를 잡고 앉아 있는 자신의 두 형제와 또 다른 탑승자들 사이에 끼어 앉았다.

그런데 한 트럭이 길을 막고 있었다. 케이드가 탄 차의 운전사는 트럭을 비켜 가기 위해 속도를 줄이고 왼쪽 차선으로 들어섰다. 그때 왼쪽 차선의 맞은편에서 덤프트럭이 쏜살같이 달려왔다. 덤프트럭이 케이드가 탄 차를 정면으로 들이받았다. 브레이크에서 끼익 소리가 나고 바퀴가 떨어져 나갔다.

케이드와 다른 부상자들은 근처의 오크리지 육군 병원으로 긴급 후송되었다. 케이드는 가까스로 의식을 되찾았지만 팔다리가 부러지고 무릎이 부서졌다. 다행히 케이드는 워낙 튼튼하고 건강해서 얼마 후 회복되었다.

하지만 케이드는 자신을 치료한 의사들 중 일부가 맨해튼 프로젝트에 참여하고 있는 연구원이라는 사실을 까맣게 몰랐다.

당시 뉴멕시코 주 로스앨러모스에서는 과학자들이 맨해튼 프로젝트를 비밀리에 진행하고 있었다. 이들은 1940년대에 들어서면서 원자 폭탄 개발을 위해 연구를 했다. 이 계획에 참여한 의사들은 자신들이 사용할 방사능 물질이 사람에게 안전할 것인가에 관한 의문을 품었다.

1945년 엡 케이드가 교통사고를 당했을 무렵, 과학자들은 사람의 몸에 이상이 생기지 않고 견딜 수 있는 방사능의 양이 어느 정도인지 알지 못했다. 1944년 5월과 8월에 로스앨러모스 연구실에서 작업자 여러 명이 플루토늄에 노출되는 사고가 일어났다. 첫 번째 사고에서는 플루토늄이 연구실 바닥에 떨어졌다. 두 번째 사고에서는 깨진 유리 비커에서 플루토늄이 새어 나왔다. 연구실의 방사능 오염도가 올라가기 시작했다.

그러던 중 1944년 8월 1일에는 플루토늄 시약병 하나가 연구실에서 폭발했다. 보라색 액체가 벽에 부딪치고 튕겨져 나와 화학자 돈 매스틱의 입속으로 들어갔다. 다른 의사가 매스틱의 입을 씻어 내고 위를 세척하여 몸에서 플루토늄을 제거했다. 이러한 처치 후에도 매스틱이 숨을 내쉬는 곳 1.8미터 밖에서도 방사능이 검출되었다.

연구자들은 공포에 떨었다. 방사능이 맨해튼 프로젝트 참가자들에게 암을 일으키지는 않을까? 방사능이 위험하다는 게 알려지면 실험실 작업자나 근처 마을 사람들이 소송을 걸지는 않을까? 만일 그렇다면 원자 폭탄 개발 계획을 중단해야 할 수도 있었다. 맨해튼 프로젝트에 관련된 사람들 대부분이 미국의 안보를 최우선으로 생각했다. 미군 핵심 관료, 과학자, 의사 몇 명이 방사능이 사람 몸에 미치는 영향을 비밀리에 시험하기로 결정했다. 그리하여 케이드는 자신도 모르는 사이에 위험한 방사능 물질인 플루토늄-239를 주입하는 최초의 실험 대상자가 되었다. 여러 해가 지난 후에야 케이드는 자신이 비밀 계획의 작전명인 HP-12(HP는

'Human Product'의 줄임말이다)라는 사실을 알게 되었다.

전쟁 때문에 어쩔 수 없었다고?

어떻게 아무 잘못도 없는 교통사고 피해자가 자신도 모르게 위험한 군사 실험의 기니피그가 되었을까? 이는 바로 전쟁 때문이다. 1941년 12월 7일, 일본이 하와이의 진주만을 폭격하면서 미국은 제2차 세계대전에 휘말리게 되었다. 미국은 즉시 국가 비상사태를 선포했다. 일단 전쟁에

맨해튼 프로젝트

1939년 제2차 세계대전이 시작되기 직전에 미국의 과학자들은 나치가 핵무기를 개발 중이라는 사실을 알게 되었다. 그들은 히틀러가 원자 폭탄을 손에 넣게 되면 미국과 유럽을 모조리 쓸어버리지 않을까 두려워했다. 그리하여 프랭클린 D. 루스벨트 미국 대통령의 지원을 받아 '맨해튼 프로젝트'라는 비밀 과학 연구가 시작되었다. 이 연구의 목표는 원자 폭탄을 제조하는 것이었다. 맨해튼 프로젝트가 시작되자 미국 전역에 70곳의 비밀 연구소가 세워졌고, 본부는 테네시 주의 오크리지에 설치했다. 주요 시설은 일리노이 주에 있는 도시 시카고와 뉴멕시코 주에 있는 도시 로스앨러모스에 건설되었고, 이곳에서 핵폭탄이 제조되었다. 맨해튼 프로젝트의 의학 분과를 이끌던 스태퍼드 워렌 대령이 방사능이 사람에게 미치는 영향을 알아내는 실험을 맡았다. 1942년, 맨해튼 프로젝트의 과학자들은 레슬리 그로브스 사령관의 지휘 아래 최초의 원자 폭탄을 만들기 위해 질주했다.

63

참여한 이상 어떤 대가를 치르더라도 독일과 일본에게 승리를 거두어야 했다.

미군은 대대적으로 군인을 징집하고 최신 무기 개발을 서둘렀다. 위태로운 국가 안보와 시간의 압박 앞에서 인체 실험의 윤리에 대해 생각할 겨를이 없었다. 소수의 과학자와 군인, 정부 관료들이 모여 군인과 죄수, 어린아이뿐만 아니라 일반인에게 실험을 하기로 결정했다. 제대로 된 법률이나 지침이 없었고, 실험은 전쟁의 위기 앞에서 은폐되었다. 정부가 주도한 잔혹하고 비윤리적인 실험들은 수십 년이 지난 후에야 파헤쳐지고 세상에 드러났다.

미국 정부는 이러한 비밀 인체 실험에 대해 전쟁 중이라서 어쩔 수 없었다고 해명했다. 나치 의사들이 강제 수용소에서 자신들이 저지른 범죄를 옹호하며 내세운 변명과 다를 바 없었다. 물론 실험의 목적은 독일의 나치들과 달랐다. 인종 청소와 인종 개량을 위해 인체 실험을 한 것은 아니었다. 미국 의사들은 다음의 질문에 답하기 위해 자주 윤리 원칙을 내팽개쳤다. 미군의 무기와 군복으로 적을 이길 수 있을까? 전쟁 중 다치거나 병에 걸린 사람들에게 새로운 치료법이 효과가 있을까? 미군이 겨자 가스 같은 화학 무기 공격을 어떻게 막을 수 있을까?

환자보다 실험이 중요해

맨해튼 프로젝트에 참여한 오크리지의 의사들에게는 케이드의 부러진 뼈를 맞추는 것보다 자신들의 실험이 먼저였다. 의사들은 케이드의 팔에 플루토늄을 주입하면서 동의를 구하지 않았다. 당시에도 플루토늄의 안전 수치가 정해져 있었다. 하지만 의사들은 케이드의 팔에 그것보다 훨씬 많은 양의 플루토늄을 주입했다. 이것은 대부분의 사람들이 1년 동안 쬐는 방사능량보다 80배가량 많은 것이었다. 플루토늄-239는 유효 반감기(생물체 안에서 방사성 동위 원소가 반으로 줄어드는 데에 걸리는 시간)가 2만 4000년이 걸리는 고방사능 물질이다.

의사들은 방사능이 케이드의 몸에 안정적으로 자리 잡기를 기다렸다. 교통사고가 난 지 3주 후에야 의사들은 케이드의 부러진 뼈를 맞추기 시작했다. 그때에도 의사들은 실험을 멈추지 않았다. 케이드의 부러진 뼈를 맞추면서도 뼈 표본을 수집했고, 충치가 있던 케이드의 치아 15개를 뽑았다. 또 턱뼈에서 표본을 얻었다. 그들은 주입한 방사능이 케이드의 몸에 얼마나 많이 잔류하는지 알기 위해 모든 것을 분석했다.

의사들의 먹잇감

플루토늄과 다른 방사능 물질을 주입받은 사람은 케이드말고도 더 있었다. 의사들은 1945년 4월과 1947년 7월 사이에 또 다른 17명에게 방사능 물질을 주입했다. 18명 모두 우연히 맨해튼 프로젝트에 참여하는 의사들이 근무하는 병원에 입원했다. 방사능 실험 대상자 중 1명이 동의서에 서명했다고 하지만, 이 사람도 자신이 맞은 주사에 대해 얼마만큼 자

제2차 세계대전 동안 테네시 주 오크리지에 있는 Y-12 공장에서 일하던 노동자들. 이 공장은 미국 정부가 추진한 맨해튼 프로젝트의 일부로 원자 폭탄에 들어갈 우라늄을 개발하던 기지 중 하나였다. 사진 속 노동자들은 일하는 동안 방사능에 노출되었을 것이다.

세한 설명을 들었는지는 분명하지 않다. 다른 17명의 환자들은 주사에 대해 그 어떤 설명도 들은 적이 없었다. 방사능 실험 대상자 모두가 좋은 먹잇감이었다. 당시에 의사는 어떤 잘못도 저지르지 않는 신(神)적인 존재로 생각되었다. 이러한 분위기에서 환자들은 의사에게 그들이 무슨 일을 했는지 따질 엄두조차 내지 못했을 것이다. 게다가 실험 대상자들은 대부분 부자나 권력자가 아닌 사회적 약자였다. 의심이 간다고 해도 실험을 중단시킬 힘이 없었을 것이다. 실험 대상자 대부분이 수리공, 수위, 기계공장 감독, 철도 승무원 같은 노동자 계층이었기 때문이다. 그중 5명은 아프리카계 미국인이었다. 또 다른 방사성 원소인 아메리슘이 주입된 16세 소년은 중국어만 할 수 있어서 의사소통이 잘 되지 않았다.

일부 실험 대상자는 중병을 앓고 있었다. 우나 매크는 말기 암환자였다. 하지만 일리노이 주 시카고대학병원 의사들은 그녀를 치료하지 않았다. 대신 엄청난 양의 플루토늄을 주입했다. 과학자들이 당시에 정한 안전 수치보다 100배나 많은 양이었다. 우나 매크는 17일 후에 사망했다.

방사능 주입과 환자의 병, 그리고 죽음 사이에 직접적인 연관이 있다고 말하기는 어렵다. 1953년 케이드의 죽음은 플루토늄 주사와 관련이 없었다. 반면 매크는 주사를 맞은 후 마실 것과 음식을 삼킬 수 없었으므로 그녀의 죽음이 방사능 때문에 앞당겨졌다고 할 수 있다. 많은 이들이 원치 않는 고통을 겪었다. 샌프란시스코 캘리포니아대학병원 의사들은 암 치료를 핑계로 4세 소년 시미언 쇼를 오스트레일리아에서 미국으로 데리고 왔다. 시미언은 가장 어린 실험 대상자인 동시에 유일한 외

안전한 방사능 수치가 있을까?

맨해튼 프로젝트에 참여한 과학자들은 1924년, 야광 시계 제조 회사인 '라듐 다이얼' 페인트 노동자들의 사례로부터 방사능이 체내에 축적되면 위험하다는 사실을 알고 있었다. 대부분 여성이던 이 공장 노동자 4000명은 소량의 라듐(뼈에 구멍을 뚫고 혈액을 만드는 골수로 침투해서 빈혈과 백혈병을 일으킴—옮긴이)이 든 페인트로 시계의 숫자판과 바늘을 색칠했다. 노동자들은 붓끝을 뾰족하게 다듬기 위해 자주 붓을 입에 댔고, 그때마다 조금씩 라듐을 삼켰다. 여성 노동자 중 일부는 이 페인트를 입술에 바르거나 눈 화장을 할 때 대신 사용하기도 했다. 그들은 입과 다른 신체 부위가 계속 화끈거렸고 나중에는 지팡이 없이는 설 수 없게 되었다. 이렇게 위험한 라듐은 1932년까지 사탕과 얼굴 크림, 의약품에 첨가되었다.

로블리 에번스 박사와 다른 과학자들은 라듐 다이얼 페인트 노동자들을 연구한 후 '안전한' 방사능 수치를 정했다. 하지만 맨해튼 프로젝트에 참여하던 시카고대학의 금속 연구소(Met Lab) 보건과 책임자인 로버트 스톤 박사는 소수의 사람에게서 얻은 수치에 만족하지 못했다. 맨해튼 프로젝트에 참가한 과학자들은 인체 실험이 더 필요하다고 주장했다.

1920년대에 여성 노동자들이 당시 유행하는 야광 시계를 만들기 위해 검정색 시계판에 라듐 페인트로 칠을 하고 있다. 이 페인트는 라듐 함량이 높아서 노동자들은 방사능에 오염되었다. 많은 노동자들이 뼈암에 걸렸다. 시계에 라듐을 사용하는 것은 1970년대가 되어서야 금지되었다.

국인 대상자였다. 시미언은 단 한 번도 암 치료를 받지 못했다. 대신 의사들은 시미언에게 방사능 물질인 플루토늄을 주입했고 고통스러운 실험을 실시했다. 시미언은 주사 때문에 1년도 안 되어 죽고 말았다.

방사능 주사는 수십 년 동안 은폐되었다. 1973년, 연구자들은 실험 대상자 중 4명이 아직 살아 있다는 사실을 알게 되었다. 그중 3명을 추적 '조사'와 '치료'를 핑계로 뉴욕 로체스터에 위치한 로체스터대학교의 스트롱 기념병원에 오게 했다. 연구자들은 치료 대신 더 많은 표본을 수집했다. 그해 말에는 이미 사망한 환자들의 시신을 파내서 실험을 실시했다. 하지만 그들은 유족에게 '플루토늄'이라는 단어를 단 한 번도 말하지 않았다.

말라리아 실험

제2차 세계대전 동안 미국에서는 수십 명이 참가한 또 다른 인체 실험이 진행되고 있었다. 1941년 프랭클린 D. 루스벨트 대통령은 의학 연구 자문위원회(CMR)의 설립을 승인했다. 의학 연구 자문위원회는 셀 수 없이 많은 인체 실험을 지원했는데, 그중 가장 큰 업적은 수많은 사람의 생명을 구한 페니실린을 개발한 것이다.

전쟁 기간 동안 미국 전역에서 애국주의가 걷잡을 수 없이 고조되면서 수많은 미국인이 의학 실험에 자원했다. 자원자 대부분은 종교나 신념을 이유로 전쟁을 거부한 양심적 병역 거부자였다. 이 사람들은 총을 드는 대신, 전투를 하지 않아도 되는 역할을 맡거나 민간 공익 봉사 기구

(CPS)가 지정하는 대체 복무를 했다. 그중 수천 명이 정부가 운영하는 민간 공익 봉사 부대에서 거주했다. 많은 사람들이 의학 실험을 위한 기니피그를 자처했다. 이 실험에는 겨자 가스 노출 실험, 매우 춥거나 더운 온도 실험, 높은 고도 실험, 기아 실험이 망라되었다. 전쟁 기간 동안 이뤄진 실험들의 또 다른 '자원자'들은 고아, 지적 장애인, 정신 지체자, 수감자 들이었다. 미국에서는 이미 수백 년 동안 수감자와 양심적 병역 거부자에 대한 인체 실험이 용인되고 있었다. 사회적 아웃사이더들에게 사회에 기여할 기회를 주는 것이라는 핑계를 대면서 말이다.

1944년 어느 감옥에서, 전쟁 기간 동안 실시된 실험 중 가장 섬뜩한 실험이 실시되었다. 당시 의사들은 모기에 물려 걸리는 악성 전염병인 말라리아의 치료법을 찾고 있었다. 의사들은 연구를 위해 말라리아균을 가진 모기가 일리노이 주 스테이트빌 교도소 수감자들을 물게 했다. 말라리아모기에 물린 수감자들은 고열과 구토, 현기증에 시달렸다. 많은 수감자들이 생사를 오락가락할 정도로 위독했다. 스테이트빌의 수감자들은 이전에 시도된 적이 없었던 온갖 새로운 말라리아 치료법을 시험하는 기니피그가 되었다.

미국의 유명한 잡지 〈라이프*Life*〉의 사진가들이 수감자들이 모기에 물리는 순간을 사진으로 포착했다. 수감자 네이선 레오폴드는 훗날 수감자들이 국가를 위해 "남자답게 행동했다"라고 했다. 전쟁이 끝난 후 일리노이 주지사는 실험에 참가한 수감자들의 형기를 줄여 줬다. 말라리아 실험이 전 세계에 알려졌다. 독일 강제 수용소의 나치 군의관들은 스테이

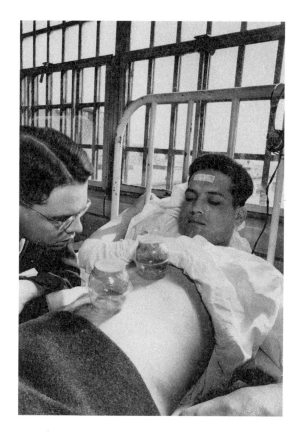

1945년 6월, 일리노이 주 스테이트빌 교도소의 말라리아 실험 병동에서 수감자인
리처드 니커보커스와 담당 의사가 리처드의 배를 무는 말라리아모기를 지켜보고
있다. 자원자 대부분은 말라리아 치료제 개발 연구에 참가하는 것이 애국하는 길
이라고 생각했다.

트빌 사례를 들며 자신들을 옹호하기도 했다.

　사실 1960년대까지 대부분의 잡지와 신문은 말라리아 실험과 전쟁 기간 동안 벌어진 실험의 '자원자들'을 칭송했다. 예를 들어 〈뉴욕 타임스〉 기자는 1958년에 이런 기사를 썼다. "이 남성들과 여성들 중에는 새로 개발된 백신 주사를 맞고, 방사능 약을 삼키고, 누구보다 자부심이 강하며, 자신의 맨팔을 말라리아모기에게 내주고, 6주 동안 쌀만 먹고, 다리도 뻗을 수 없을 정도로 좁은 방에 간히기를 자처한 사람들이 있다."

　미국의 일반인들은 스테이트빌 수감자들이 자발적으로 실험에 참여했다면 사전에 동의를 구했는지 여부는 중요하지 않다고 생각했다. 대신 수감자들의 애국심을 칭송했다. 수십 년 동안 수감자를 대상으로 한 의학 실험에 대해 윤리를 따지는 사람은 없었다.

핵전쟁

1945년 8월, 미국이 일본의 히로시마와 나가사키에 세계 최초의 원자 폭탄을 떨어뜨리면서 제2차 세계대전이 끝났다. 2개의 폭탄으로 인해 수십만 명이 죽었고 그들의 집이 사라졌다. 폐허가 된 도시는 뼈대만 남았다. 생존자 대부분도 방사능 오염으로 몇 달 안에 사망했다.

　맨해튼 프로젝트의 연구원들은 사람들이 일본에서 벌어진 엄청난 파괴에 대해 알게 되면 미국의 폭탄 제조 산업이 중단될까 봐 걱정했다. 그래서 정부 관리들은 부상자와 사망자의 숫자, 환경의 위험성을 축소하는 작전을 펼쳤다. 이들은 미국을 지키기 위해 핵폭탄을 사용할 수밖에 없었다고 주장했다. 관리들은 원자 폭탄이 안전하게 사용되었고 방사성 낙진을 통제할 수 있다고 대중을 안심시키려 했다.

냉전 시기의 방사능 실험

전쟁이 끝났지만 방사능 인체 실험자의 숫자와 유형은 오히려 늘어났다. 맨해튼 프로젝트에서 미국의 안보라는 더 광범위한 주제로 안건이 바뀌면서 인체 실험이 늘어난 것이다. 1945년에서 1991년까지의 냉전 기간 동안 미국은 최대의 적 소련(소비에트 사회주의 공화국 연방)의 군사적·정치적 힘이 커지는 게 두려웠다. 미국 관리들은 소련이 미국 영토에 핵공격을 실시할 상황을 대비하기 시작했다. 연구자들은 수십 년 동안 온갖 방사능과 폭탄 실험을 사람들에게 실시했다.

그러나 제2차 세계대전이 끝나고 뉘른베르크 재판이 열리는 동안, 맨해튼 프로젝트에 참여했던 관리들은 미국이 전쟁 기간 동안 실시한 방사능 실험이 새로 만든 뉘른베르크 강령을 위반한 것이 걱정되었다. 전쟁이 끝난 직후 미국 의사 협회의 사법 위원회는 윤리 기준을 세세히 규정했다. 모든 인체 실험에 대해서 먼저 동물 실험을 하고, 자원자들을 대상으로 하고, 사전 동의를 얻어야 한다는 것이 그 골자였다.

1947년에는 새로 구성된 미국 원자력 위원회(AEC)가 비슷한 규정을 만들었다. 원자력 위원회는 원자력 에너지와 기술을 민간과 군에서 개발

할 때 그것을 규제하는 기관이다. 원자력 위원회의 지침서는 인체 실험 대상자 본인뿐만 아니라 그 가족에게도 실험 참가에 대한 사전 동의를 받아야 한다고 요구했다. 그리고 의사들은 환자를 도울 수 있다는 희망이 없다면 유해 물질을 투여할 수 없다고 했다.

지침의 발효에도 불구하고 연구자들은 일상적으로 그리고 의도적으로 그것을 무시했다. 지침이 널리 배포되지 않았고, 연구자들은 방사선에 대해 잘 모르는 사람들에게 인체에 해를 끼치는 방사능의 수치에 대해 자기 나름의 기준을 적용하려고 했다. 전쟁과 의학 연구를 위해서 방사선 기술에 대해 더 알고 싶었던 원자력 위원회는 수천 명의 인체 실험을 위해 비밀리에 자금을 댔다. 육군과 해군, 공군도 비슷한 프로젝트에 자금을 지원했다.

밴더빌트 실험

가장 끔찍한 방사능 실험 중 하나는 테네시 주 밴더빌트대학병원이 운영하는 진료소에서 임신부 829명을 대상으로 한 실험이었다. 이 진료소 의사들은 1945년부터 2년 동안 여성들에게 여러 가지를 혼합한 음료를 주며 임신부와 태아에게 좋은 것이니 먹으라고 했다. 그런데 여기에는 방사성 철이 들어 있었다. 이 음료를 마신 많은 엄마와 아기들이 머리카락과 치아를 잃었다. 이들은 혈액병에 걸렸고 온몸에 두드러기가 났으며 시퍼렇게 멍들었다. 이 중 몇몇 여성과 아이들은 암에 걸려서 사망했다.

방사능 오트밀

매사추세츠 주 월섬에 위치한 월터 E. 페널드 주립학교의 어린 소년들과 관련된 실험도 무척 소름끼친다.

이 기숙학교는 지적 장애아와 지체 장애아, 법적 문제가 있거나 너무 가난해서 아이를 키울 수 없는 가정의 소년들을 위한 곳이었다. 매사추세츠 공과대학교(MIT) 연구자들은 아침식사로 먹는 오트밀에 화학 첨가제를 어느 정도 넣었을 때 소년들의 몸에서 미네랄을 없앨 수 있을지 알고 싶었다. 그리하여 1946년부터 1953년까지 이 학교 소년 74명에게 방사성 철과 칼슘을 첨가한 오트밀을 먹였다. 페널드 학교의 의사는 소년의 부모들에게 '방사능'이라는 단어를 전혀 꺼내지 않으면서, 실험에 대해 오해하게 할 만한 통지문을 보냈다. 통지문을 읽은 학부모들은 이 연구가 아이들의 "영양을 개선하고" "이전보다 건강하고 몸이 정상적으로 기능하도록 도울" 거라고 믿었다.

연구자들은 아무것도 모르는 소년들에게 과학 클럽의 회원으로 뽑아 주겠다고 약속하며 실험에 참가하도록 부추겼다. 소년들은 바다로 소풍을 가고 야구 경기를 해서 인기가 높았던 과학 클럽에 들어갈 수 있어 기뻐했다. 대신 그들은 방사능 오트밀을 먹어야 했다. 또 과학자들에게 대변과 소변 표본을 주고 정기적으로 혈액 검사를 받고 엑스레이를 찍어야 했다. 이 실험에 참가했던 많은 소년들이 성인이 되었을 때 건강 문제로 고통을 받았다. 이들은 그 이유가 실험 때문이라고 확신했다.

방사선 추적자 연구

수천 명의 미국인이 인체에 방사성 물질을 주입하여 그것이 어떻게 확산되는지 추적하는 방사선 추적자(Rradiation Tracer, 방사성 물질을 추적자로 사용하는 것을 말한다. 인체에 주입된 방사성 물질은 방사선을 방출하기 때문에 외부에서 이를 추적할 수 있다. 그리하여 방사선 추적자를 이용해 암이나 심장 질환을 진단하고 치료할 수 있다-옮긴이) 연구에 참여했다. 1947년, 원자력 위원회는 처음으로 병원에 방사성 동위 원소(방사능을 지닌 원소 중에 원자핵이 불안정하여 안정된 원자핵으로 변하기 위해 방사선을 방출하며 붕괴하는 원소)를 배급했다. 원자력 위원회는 이 방사성 물질로 의사들이 암을 진단하고 치료할 방법을 찾기를 희망했다. 하지만 관료들은 또한, 이 연구를 통해 대중에게 방사능이 폭탄을 만드는 것 외에도 유익하게 쓰일 수 있다는 인상을 주길 원했다.

대부분의 경우 방사능은 소량만 사용되었다. 일부 사람들은 그 보다 많은 양의 방사능 때문에 병에 걸렸다. 하지만 더 큰 문제는 실험 대상자 대부분이 방사능 실험에 동의하지 않았거나, 심지어 실험에 참가했다는 사실을 알지 못한 것이었다.

전신 방사선 조사

미국 전역의 또 다른 병원들에서는 암 환자들이 전신에 방사능을 쪼이는 전신 방사선 조사(TBI)를 받았다. 제2차 세계대전 동안, 그리고 전쟁 이후 1951년부터 1974년까지 의사들은 700명에 달하는 암 환자에게 다양한 양의 방사능을 투여했다. 환자들은 자신이 검증된 새로운 치료를 받는 것이라고 생각했다. 하지만 사실 의사들은 맨해튼 프로젝트(나중에는 '원자력 위원회'가 됨), 육군과 해군, 공군, 미국 항공우주국(NASA)을 위해 자료를 수집하고 있었다. 많은 환자들이 엄청난 고통을 겪었다. 생각보다 빨리 죽음을 맞은 환자들도 있었다.

비키니 섬의 핵실험

냉전 시기의 실험들은 핵전쟁에 관한 다음과 같은 질문들에 대한 답을 찾고자 했다. 어떻게 하면 미국을 핵폭발로부터 지켜낼 수 있을까? 이럴

종이클립 작전

1947년 해리 트루먼 미국 대통령은 나치당을 위해 활약했던 독일 과학자들이 미국으로 들어오는 것을 공개적으로 금지하는 행정 명령에 서명했다. 하지만 미 국무부와 정보 기관은 이 명령을 어기고, 비밀리에 나치 과학자들과 그들의 가족 1600여 명을 미국으로 데려왔다. 이것을 '종이클립 작전(Operation paperclip)'이라고 하는데, 이 작전명은 미국으로 몰래 들어온 과학자들의 서류에 붙어 있던 종이클립에서 따온 것이다.

미국은 나치 과학자들이 가진, 모든 종류의 과학과 기술에 대한 전문 지식이 필요했다. 여기에는 방사능의 영향에 대한 실험도 포함되었다. 종이클립 작전으로 미국에 온 한 독일 과학자는 전신 방사선 조사에 참여했다. 또 다른 독일 과학자들은 핵폭발로 인한 섬광이 군인들의 눈에 미치는 영향에 대해 연구했다. 이른바 '섬광실명' 실험은 과학자들이 핵폭발 섬광으로 인해 군인들이 영구적인 시력 손상과 실명으로 고통받게 된다는 사실을 알게 된 후에도 10년 동안 지속되었다.

때 군인들을 보호할 수 있을까? 방사능이 항공기와 탱크, 전함에 어떤 영향을 미칠까? 방사능 오염을 막거나 최소화할 수 있을까? 방사능에 대한 공포가 전쟁에 나갈 군인들의 전투력을 방해할까?

한 가지만은 분명했다. 소련의 관리들도 똑같은 질문을 하고 있다는 것이었다. 그 결과 1946년부터 1992년까지 미군은 핵폭탄 수백 개를 터뜨렸다.

'교차로 작전'이라고 알려진 최초의 폭발은 1946년, 하와이에서 남서쪽으로 4023킬로미터 떨어진 비키니 환초(산호초 섬)에서 일어났다. 석호에 95척의 배가 집합했다(선원 없이). 이 배들이 나가사키에 떨어진 폭탄의 위력에 맞먹는 원자 폭탄 2개의 표적이 되었다. 원자 폭탄 중 '에이블'이라는 폭탄은 비행기에서 떨어뜨렸다. '베이커'라는 이름의 폭탄은 물속에서 폭발했다. 군인들은 폭탄이 터지기 전에 비키니 섬 주민들을 대피시켰다. 하지만 태평양 연안에 주둔해 있던 미군 수천 명이 많은 양의 방사능에 노출되었다. 폭발 직후 선원들이 완전히 파괴되지 않은 배의 갑판을 닦고 프로펠러와 다른 장비들의 방사능 페인트를 떨어냈다. 이들 중 많은 사람이 나중에 방사능 검사를 받았고, 과학자들은 방사능 피폭 수치를 측정했다.

당시 17세였던 데일 비먼이라는 한 선원은 이후 암에 걸렸고, 그의 아이들도 건강에 문제가 있었다. 또 다른 선원 하비 글렌은 말했다. "과학자들이 우리 옷을 검사하는데 방사능 측정기가 미친 듯이 울렸습니다. 그런 후 우리가 손을 기계 밑에 찔러 넣자 또 미친 듯이 울렸습니다." 3년 후, 하비 글렌은 인후암 진단을 받았다.

1946년 11월, 미국 해군 지도부는 워싱턴 D. C.에서 핵폭탄 시험인 '교차로 작전'을 축하하는 파티를 열었다. 이 사진에서 윌리엄 H. P. 블랜디 해군 중장과 그의 부인이 핵폭탄의 폭발을 의미하는 버섯구름 모양 케이크를 자르고 있다.

군대는 태평양 지역에서 원자 폭탄 여러 개를 추가로 터뜨려서 야생 동물과 물속 산호초, 물고기를 대량으로 죽였다. 비키니 섬의 방사능 수치는 여전히 높아서 주민들은 자신들의 섬으로 돌아갈 수 없었다.

그라운드 제로에서의 실험

방사능이 인간에게 위험하다는 사실이 알려졌음에도 미국 관료들은 다시 새로운 방사능 실험 장소를 물색했다. 이번 실험은 미국 내에서 실시하기로 했다. 이 실험의 명분은 한국 전쟁(1950~1953년)에서 찾았다.

잘못된 일급 기밀

1953년 2월 23일, 찰스 E. 윌슨 미 국방장관은 군인들과 민간 자원자들이 화학전, 생물학전, 핵전쟁과 관련된 실험에 참가하기 전에 반드시 동의서에 서명해야 한다는 정책을 펼쳤다. 이 정책에 따르면 감시자들 또한 서류에 서명을 해야 했다. 하지만 윌슨 장관의 지시에도 불구하고 전신 방사선 조사, 섬광실명 실험, 원자구름 표본 채집 실험은 여전히 계속되었다.

불행한 사건들이 줄지어 일어나는 가운데, 정부는 이 정책을 일급 기밀로 분류했다. 이는 아마 문서에 적힌 '핵'이라는 단어 때문이었을 것이다. 그 결과 이 정책은 널리 알려지지 못했다. 또한 이 정책은 실험 참가자들이 받아들일 수 있는 위험의 수준을 제대로 설명하지 않아서, 이것을 읽은 담당자들도 이 정책을 어떻게 실행해야 할지 혼란스러워했다. 오늘날 사전 동의에 대한 윌슨의 정책은 미 육군 규정 70-25 조항에 담겨 있다. 이 조항은 군의 실험 대상자들을 위한 일련의 보호 대책을 마련해 준다.

1950년, 해리 트루먼 대통령은 맨해튼 프로젝트뿐만 아니라 군사 특수무기 프로젝트(AFSWP)의 권고를 승인하여 네바다 주의 라스베이거스 근처에서 폭탄을 실험하기로 했다. 그러자 원자력 위원회가 이 실험이 안전하다며 대중을 설득하기 시작했다.

1951년을 시작으로 미국 정부는 네바다 실험장에서 7차례 연달아 대기 폭발을 실시했다. 또 네바다 실험장뿐만 아니라 알래스카, 뉴멕시코, 콜로라도, 미시시피에서도 핵폭탄을 터뜨렸다. 샌디에이고 해안에서 거대한 수중 폭탄이 폭발했고, 남대서양 상공을 날고 있던 로켓에서 폭탄 3개가 떨어졌다.

1962년 미국 정부는 네바다에서 하던 대기 실험을 중단했다. 하지만 지하 핵폭발 실험은 1992년 9월까지 계속되었다. 미국 정부가 터뜨린 핵무기는 통틀어서 1030개에 달했다.

어림잡아 20만 5000명의 미군이 핵폭탄 실험과 방사능이 인체에 미치는 영향을 파악하기 위한 실험에 참가했다. 예를 들어 첫 핵폭탄 실험에서는 군인들이 '그라운드 제로(폭탄이 떨어지는 지점이라는 뜻-옮긴이)'에서 11킬로미터 떨어진 곳에 주둔하고 있었다. 하지만 다음 실험 때는 3킬로미터 떨어진 곳으로 자리를 옮겼다. 자원한 소수의 장교들은 그라운드 제로에서 불과 1.6킬로미터도 떨어지지 않은 곳으로 갔다. 일부 군인은 핵폭탄이 상공에서 폭발하는 동안 근처 참호나 땅 위에 누워 있으라는 지시를 받았다. 폭탄이 하나씩 터질 때마다 그라운드 제로는 더욱 오염되었고 군인들은 더 높은 수준의 방사능을 쬐게 되었다.

훗날 미국 정부는 이것은 새로운 무기를 실험하고 군대를 훈련시키기 위한 군사 작전이었고, 실제 인체 실험에 참가한 군인은 2000명에서 3000명뿐이라고 주장했다. 정부 관리들은 실제 인체 실험은 핵폭발로 인해 환한 빛에 쏘였을 때 조종사의 반응(섬광실명 실험)을 측정하기 위한 실험이 전부였다고 주장했다. 하지만 핵실험에 참가한 군인들은 자신들은 모두 방사능이 인체에 미치는 영향을 알아내기 위한 각종 실험에 인간 기니피그로 동원되었다고 증언했다.

실험 현장에 있던 군인들과 더불어 공군 조종사들도 핵폭발 후 방사능이 얼마만큼 멀리 퍼지는지 알아보기 위해 원자구름 속으로 비행했다. 전투기는 핵폭발 직후에 공기표본을 채취하는 장비를 갖추고 있었다. 일부 조종사들은 방사능이 호흡에 미치는 영향을 측정하기 위해 폭발 후

우리가 숨 쉬는 공기로 생물학전 실험을 했다고?

미국 정부는 1949년부터 1969년까지, 미국 내에서 비밀리에 200번도 넘는 생물학전 실험을 실시했다. 관리들은 이러한 공격에 대비하기를 원했다. 실험의 일부로 연구자들이 바이러스와 박테리아를 플로리다와 미네소타, 미주리, 워싱턴 D.C.의 국내공항에서 방출했다. 1966년 6월에 미국 국방부(펜타곤)는 뉴욕 시의 지하철 터널과 거리에서 박테리아를 살포했다. 조사 팀이 비밀리에 공기와 지면, 인근의 주민들에게서 표본을 수집했다.

이런 말도 안 되는 실험을 생각해낸 것은 의사들이 아니라 공학자들이었다. 그리하여 이 실험은 인체 의학 실험으로 분류되지 않았다. 하지만 많은 사람들이 기니피그가 되었고 아픈 사람들도 있었다.

17분도 안 되어 폭발지로 직접 비행했다. 어떤 이들은 사진 필름이 들어 있는 방수 캡슐을 삼키기도 했다. 나중에 이 필름은 몸속 방사능 수치를 측정하기 위해 분석되었다. 4000명 이상이 비행 도중이나 이후 오염된 장비로 작업을 하다가 방사능에 노출되었다.

핵폭탄이 폭발할 때마다 의사들은 방사능 피폭 수치를 검사했다. 많은 군인과 조종사들이 피폭 이후 발진과 물집 같은 피부 질환을 호소했다. 치아와 머리카락이 빠진 군인들도 있었다. 폭발에 직접 참가한 군인들은 나중에 암에 걸렸다. 방사능이 실험 참가자들의 유전자에 돌연변이를 일으켜 그들의 아이들과 손자들 또한 유전적인 변형을 가지고 태어났다.

방사선 낙진 실험

원자력 위원회는 새로운 방사능 검출 방법을 찾기 위해 비밀리에 공기 중으로 방사능 물질을 방출하는 계획을 승인했다. 1944년부터 1960년대 내내 '그린 런(Green Run)'이라는 작전에 따라 워싱턴 주와 유타, 네바다, 아이다호에 위치한 정부 소유의 핵시설이 방사능 물질을 방출했다. 뉴멕시코 바요 협곡과 알래스카 황야에서도 방사능이 방출되었다. 게다가 수많은 방출 사고가 일어났다. 예를 들어 워싱턴 주에 위치한 핸퍼드 플루토늄 재처리 시설이 사고로 방출한 방사능은 '그린 런'으로 방출한 방사능 양을 훨씬 웃돌았다.

연구자들은 방사능 오염을 확인하기 위해 바람이 불어 내려가는 아랫

바람 지역을 시험했다. 예를 들어 과학자들은 핸퍼드에서는 이 지역에 있는 학교를 방문해서 농장 어린이들의 방사능 수치를 검사했다. 아이들이 방사능에 오염된 소에서 짠 우유를 마시고, 방사능에 오염된 농장에서 자란 음식을 먹었기 때문이다. 아이들은 방사능 측정기 안으로 들어가서, 검사를 받기 위해 연구자들이 준 만화책을 읽으며 자기 차례를 기다렸다.

전국의 미국인들에게 온갖 건강 문제가 나타났다. 암과 알레르기가 나타나고, 그들의 아이들은 선천성 기형을 가지고 태어난 것이다. 1997년 미국 국립 암센터(NGI)의 보고서에 따르면 네바다에서 방출된 방사능이 추가로 7500명에서 1만 명의 사람들에게 갑상선 암을 일으킬 수 있다고 했다. 당시 국립 암센터는 70퍼센트 정도가 아직 진단을 받지 않았다고 추정했다.

핵폭발을 하면 방사성 낙진은 대부분 그 주변으로 흩어진다. 하지만 만일 폭발이 지상에서 일어날 경우 바람에 의해 수천킬로미터까지 날아갈 수 있다. 더 작은 입자는 지상 8킬로미터에서 50킬로미터 높이의 성층권으로 날아오를 수도 있다. 이 입자들이 지구의 기류를 타고 전 세계로 이동할 수도 있다.

연구자들은 낙진이 전 세계로 이동할 수도 있다는 사람들의 공포를 잠재우지 않으면 핵실험이 중단될 수도 있다는 걱정이 들었다. 미국의 과학자들은 1953년부터 비밀리에 시신을 모아서 인체가 방사능에 노출되었는지를 확인하기 시작했다. 이는 1980년대까지 지속되었다. 미국 정부의 연구자들은 햇볕 작전을 실시해서 전 세계에서 가져온 1만 5000여 구의 시신을 검사했다. 이때 유가족들에게 전혀 상의도 하지 않았고 동의를 구하지도 않았다.

드디어 밝혀진 진실

마지막 실험 환자가 플루토늄 주사를 맞고 46년 후, 〈앨버커키 트리뷴 *Albuquerque Tribune*〉신문의 아일린 웰섬 기자가 이들의 이름과 사연을 알아냈다. 1993년 웰섬의 신문 기사를 읽은 헤이즐 오리어리 에너지부 장관은 이 실험들에 주목했다.

오리어리 장관은 정부가 국민의 신뢰를 저버리고 국민을 심각한 위험에 빠지게 했다는 사실에 충격을 받았다. 1993년 오리어리 장관은 기자 회견장에서 에너지부의 새로운 정책 방향을 발표했다. "냉전은 끝났습니다. (…) 이제 우리는 사실을 털어놓아야 합니다." 오리어리는 말했다. "제가 확인한 자료는 실험 대상자들에게 동의를 받지 않고 실험이 진행되었음을 알게 해주었습니다."

이 소식을 들은 빌 클린턴 대통령은 '인체 방사능 실험에 관한 자문 위원회(ACHRE)'를 설치하여 제2차 세계대전 이후 미국 내에서 벌어진 수천 건의 방사능 실험을 조사하게 했다. 이 자문위원회는 그중 극소수에게만 금전적 보상을 하도록 권고했다. 플루토늄 주사를 맞은 대상자의 가족뿐만 아니라 전신 방사선 조사에 참여한 14명을 보상자로 지정했다. 치료를 받지 않아도 될 정도로 해를 입은 사람들에 대한 보상안도 마련

85

하라고 권고했다. 위원회는 또한 정부가 실험에 자발적으로 동의를 하지 않은 피해자들에게 사과할 것을 제안했다. 하지만 위원회는 특정 의사나 정부 기관에 대해 처벌을 요구하지 않았다. 그리고 방사능의 계획적인 방출에 대해서는, 지금까지 알려진 방사능의 위험에도 불구하고 앞으로 방사능 방출을 전면 금지하라고 권고하지도 않았다.

1995년 10월 3일, 마침내 미국 정부가 핵실험에 참가한 군인들, 모든 방사능 피해자와 가족들, 또한 그들의 마을에 저지른 잘못을 공개적으로 인정했다. 빌 클린턴 대통령은 방사능 실험에 대해 공식적으로 사과했다. "그들의 행동은 오늘날의 기준에서 뿐만 아니라 그들이 살던 때의 기준으로도 비윤리적이었습니다. 그들은 미국의 국익과 인류의 가치를 확인하는 데 실패했습니다." 실험은 "정부의 도움을 필요로 하는 시민들, 빈곤한 사람들, 중병에 걸린 사람들에게 해를 끼쳤고… 군인들, 정확히는 우리와 우리 정부를 믿고 따랐던 이들에게도 마찬가지였습니다."

그리고 1년 후, 오리어리 장관은 뉴욕 주의 로체스터에서 플루토늄 주사 피해자 가족을 만났다. HP-1, HP-4, HP-5, HP-8, HP-9 작전 유족이 참석했다. 모임이 끝난 후 오리어리 장관은 유족들이 말한 슬픔과 환멸에 공감했다. 오리어리는 말했다. "이런 일이 두 번 다시는 일어나지 않도록 하겠다고 약속합니다. 정부는 이런 일을 다시는 되풀이해서는 안 될 것입니다."

1993년부터 1997년까지 에너지부 장관을 지낸 헤이즐 오리어리는 냉전 시기의 기밀문서를 공개하기로 결정했다. 이 문서들은 미국 정부가 사전에 동의도 받지 않고 방사능 인체 실험에 이용했음을 입증했다.

4

태도의
변화

가장 소외된 사람들에게 행해진 실험들,
그리고 자라는 생명 윤리 의식

야만인들에게는
강령이 필요하지만,
평범한 의사와 과학자들에게는
강령이 필요하지 않다.

제이 카츠, 예일대 법학대학원의 윤리학자,
1992년, 미 의료계가 뉘른베르크 강령을
묵살한 일을 설명하며

앨 자발라는 펜실베이니아 주 필라델피아에 있는 홈스버그 교도소에 수
감되어 있었다. 그는 그곳에서 중추신경계에 영향을 미치는 항정신성 약
물 주사를 맞던 일을 기억하지 못했다. 단지 1964년 한 주 동안 격리된
방의 작은 구멍으로 자신을 관찰하던 의사들의 모습만 생각났다. 자발라
는 훗날 그때 어떤 기분이 들었는지를 기억해 냈다. "전 실험이 끝나고 한
달 동안 정상이 아니었어요. 정말 우울했고 말도 하지 않았어요…. 그들은
내가 다시 음식을 삼킬 수 있을 때까지 묽은 유동식만 먹였어요. 마침내
예전 감방으로 돌아왔을 때 저를 포함해서 실험에 참가한 사람들 모두
'우리 행동은 우리 잘못이 아니다'라고 적혀 있는 배지를 달아야 했어요."

　　앨 자발라는 그나마 운이 좋은 '자원자'였다. "자기 이름조차 기억하
지 못하는 사람도 있었죠. 어떤 사람들은 정신이 들어왔다 나갔다 했어
요. 자기 몸을 막 때리기도 했습니다…. 아주 폭력적이고 험악한 체험이
었죠. 마치 마약을 했을 때 같았어요. 말만 한 개가 되었다가, 악어 같은
벌레가 되었다가, 거대한 거미에게 잡아먹혔다가……. 한 사람은 스스로
목을 매고 죽었다고 하더군요."

화학 무기 실험에 참가한 수감자들

앨 자발라와 다른 수감자들은 자신들이 미군의 화학 무기 실험에 참가
했다는 사실을 알지 못했다. 미군은 전쟁터에서 적을 죽이거나 부상을
입히지 않고도 그들을 꼼짝 못하게 할 화학 무기를 개발하고 싶어 했다.

1955년부터 1975년까지 약 8000명의 군인과 수감자, 민간인이 이와 관련된 실험에 참여했다. 앨 자발라의 경우에는 환각제 중 하나인 리세르그산 디에틸아미드(LSD)를 맞았던 것 같다. 몇 년 후, 자발라는 의식을 잃기도 하고, 때때로 며칠 동안 무슨 일이 있었는지를 전혀 기억하지 못하기도 했다.

당시 미군은 홈스버그 교도소 운동장에 트레일러 3대를 설치하고 그곳에서 인체 실험을 했다. 1971년에는 미 중앙정보국(CIA)까지 가세하여, 사실을 털어놓게 한다고 알려진 자백유도제와 감정을 조절하는 약물을 수감자들에게 비밀리에 투약했다.

홈스버그 교도소의 수감자들이 실험에 자원한 이유는 여러 가지였다. 어떤 사람은 애국심 때문에 자원한다고 했다. 과학 발전을 위해서라고 밝힌 사람도 있었다. 하지만 대부분의 사람들은 돈 때문에 실험에 참가했다. 피험자가 되면 교도소 내의 다른 일보다 많은 보수를 받을 수 있었다. 또 실험은 교도소의 지루한 일상에 색다른 변화를 주었다. 형기가 줄어들기를 기대한 수감자도 있었고, 더 좋은 음식과 또 다른 특권을 바라는 수감자도 있었다. 하지만 자원자들은 모두 의사를 신뢰했고 자신들이 참여하는 실험이 위험한 것일 거라고는 생각하지 않았다.

교도관들 역시 실험에 대해 불평하지 않았다. 그들은 실험으로 인해 수감자들이 바빠지고 감시하기도 수월해졌다고 좋아했다. 의사들은 수감자들에게 실험을 하면 실험에 드는 비용이 저렴해져서 좋아했다. 예를 들어 처음에는 의사들이 일일이 실험을 진행해야 했지만 이후 많은 수

미군은 화학전에 대비하는 비밀 인체 실험을 진행했다. 그중 많은 실험이 감옥에 있는 수감자들을 대상으로 했다. 수감자 대부분은 실험에 참여하는 것에 대해 사전 동의를 하지 않았을 뿐더러 실험에 대한 그 어떤 설명도 듣지 못했다. 사진에서는 1966년 펜실베이니아 주 홈스버그 교도소의 의사 솔로몬 맥브라이드(가운데 흰 가운을 입은 사람)가 한 수감자와 이야기를 나누고 있다. 수감자의 등에 붙인 패치를 통해 화학 물질이 몸속으로 흡수되었다.

감자들이 실험 방법을 배워서 스스로 실험을 했다. 관리 비용은 더욱 낮아졌다. 일관된 실험 결과를 얻으려면, 실험은 일정 기간 동안 같은 피험자에게 진행되어야 하며 먹는 것을 비롯한 다른 실험 조건도 같은 이유로 엄격하게 통제되어야 한다. 수감자들은 대부분 가난했고 교육받지 못했으며 아프리카계 미국인이었다. 그들은 연구원들을 비판하거나 성가신 질문을 거의 하지 않았다. 수감자, 교도관, 의사는 '침묵의 음모'로 연결되어 있었다. 그로 인해 교도소에서 벌어진 실험은 몇 년 동안 언론과 대중에게 노출되지 않고 진행될 수 있었다.

대학도 가담하다

의학 연구에 수감자를 이용한 것은 미군과 중앙정보국만이 아니었다. 대학과 제약회사도 이 실험들에 자금을 지원했다. 1970년대 초까지, 제약회사는 자신들이 진행한 것 중 90퍼센트에 가까운 연구에 수감자를 이용했다.

펜실베이니아대학은 1954년부터 1974년까지 홈스버그 교도소에 연구 실험실을 설치했다. 실험실 소장은 저명한 피부과 의사였던 앨버트 클리그만 박사가 맡았다. 클리그만은 다양한 피부질환을 연구하기 위해 수감자를 상대로 무한정 인체 실험을 할 수 있다는 사실에 적잖이 흥분했다. 클리그만은 인터뷰에서 다음과 같이 말했다. "내 앞에 있는 것이 모두 피부였습니다. 마치 농부가 처음으로 비옥한 땅을 봤을 때와 같은 느

껌이었죠."

조니 윌리엄스라는 수감자의 증언에 따르면 클리그만 연구팀은 황산, 석탄산, 마이크로파로 윌리엄스의 피부를 태웠다고 한다. 또 한 달 동안 매일 1시간씩 윌리엄스의 팔을 유독한 화학 물질에 담갔다. 그의 피부는 가죽처럼 두꺼워졌다. 의사들은 윌리엄스의 땀샘을 검사하기 위해 겨드랑이를 절개하는가 하면, 수술용 봉합실이 녹는지 알아보기 위해 실로 맨살을 꿰매기도 했다. 또 울퉁불퉁한 켈로이드 흉터를 만들기 위해 일부러 등을 칼로 베기도 했다. 윌리엄스는 심지어 죽은 사람의 피부를 이식받았는데, 이는 죽은 사람의 피부가 살아 있는 사람의 몸속에서 자랄 수 있는지 확인하기 위해서였다.

가장 해로운 실험은 클리그만이 다이옥신(인간이 만든 화합물 중 가장 독성이 강하다는 1급 발암 물질-옮긴이)이라는 화학 물질로 수감자의 등을 닦은 것이었다. 홈스버그 수감자들에게 진행한 이 실험은 사람들에게 특히 주목을 받았다. 고엽제에 함유된 다이옥신에 노출되었던 베트남 전쟁 참전 군인들 피부에 상처가 나고, 암이 생겼으며, 유전적 기형 증상을 보였기 때문이다.

드디어 폭로되다

제2차 세계대전 이후 미국에서는 수감자뿐 아니라 다른 사람들에 대해서도 많은 의학 연구가 시행되었다. 하지만 하나같이 실험 대상자에 관한 윤리적 의무를 규정한 뉘른베르크 강령이 무시되었다. 보통은 접근하기 쉽고 한 곳에 수용된 사람들이 의학 연구를 위한 인간 기니피그가 되었다. 의사들은 "나치 의사에 대한 대응책으로 제정된 강령은 미국과 관계 없다"라고 생각했다.

물론 미국의 모든 의사들이 그렇게 생각한 것은 아니었다. 헨리 비처 하버드 의과대 교수는 1966년에 〈신 영국 의학 저널New England Journal of Medicine〉에 논문을 발표했다. 비처는 평소 뉘른베르크 강령을 강하게 지지하지는 않았다. 윤리적이고 학식 있는 의사라면 의사의 손발을 묶는 규정이 없어도 신뢰를 받을 수 있을 거라고 생각한 것이다. 그렇기는 하지만 비처는 자발적인 사전 동의 없이 진행된 비윤리적 실험 22건을 폭로하여 인체 실험의 토대를 흔들었다. 그는 의학 잡지에 발표된 여러 연구 논문을 뒤져서 사례를 찾아냈다. 비처는 충격적이고 비윤리적인 사건을 신문사와 텔레비전 방송에 알렸다. 사람들은 분노했다.

장애 아동을 대상으로 한 월로브룩 실험

뉴욕 스테이튼 아일랜드에 위치한 월로브룩 공립학교는 발달장애 아동들을 위한 학교였다. 사울 크루그만 박사는 1950년대부터 1970년대까지 이 학교 학생들을 대상으로 간염 바이러스를 접종했다. 그 당시 간염(간을 공격하는 바이러스)은 사방이 막힌 보호시설에서 흔히 발생했다. 크루그만 연구팀의 실험 목적은 간염의 발생과 확산을 막을 방법을 알아내는 것이었다.

월로브룩 공립학교는 정원이 넘쳐서 더 이상 새로운 학생을 받아들일 수 없었다. 그러자 학교의 의사들은 학부모들에게 그들의 아이들을 간염 연구에 참여시키겠다고 동의하면 특별 실험 병동을 통해 아이들을 받아 주겠다고 약속했다. 의사들은 학부모에게 보낸 통지문에 아이들이 간염 바이러스 주사를 맞을 거라고 했지만 그 위험성은 자세히 설명되어 있지 않았다.

의사들은 이 실험을 통해 감마 글로불린(항체 기능을 하는 혈장 단백질) 주사가 면역 체계를 강화시켜 A형 간염을 예방한다는 기존의 연구를 확인했다. 하지만 이 연구 성과는 헨리 비처가 생명 윤리 위반을 지적하면서 논란에 휩싸였다.

미국인들은 자발적으로 동의를 할 지적 능력이 없는 지적 장애인을 대상으로 하는 인체 실험을 수상하게 여겼다. 또한 '학부모들은 아이의 편에서 진정 자발적인 선택을 했는가? 장애 아동을 위한 학교가 부족한 상황에서 마지못해 연구에 동의한 것은 아닌가? 의사들이 학부모들에게 연구에 동의하지 않으면 아이를 입학시킬 수 없다고 위협하는 등 부당한 압력을 행사하지는 않았는가?' 하는 의문을 제기했다.

의사들은 이 실험이 실험 대상자들에게 해를 끼치지 않았다고 주장했다. 사실 월로브룩 학교에 간염이 퍼졌을 때 실험에 참가한 아이들은 간염에 걸리지 않았는데, 의사들은 이 실험으로 인해 아이들이 간염에 대한 면역력을 가지게 된 덕분이라고 변명했다. 이러한 변명은 뉘른베르크 재판에서 나치 의사들이 자신을 변론하던 방식과 아주 비슷하다. 결과가 좋으면 수단은 아무 상관없다고 주장하는 것이기 때문이다.

암세포 주입 실험

헨리 비처는 또한 1963년, 뉴욕 브루클린에 위치한 유대인 만성질환병원 (Jewish Chronic Disease Hospital)의 의사 체스터 사우섬이 실시한 악명 높은 실험도 폭로했다. 체스터 사우섬은 당시 바이러스 분야에서 존경받는 의사였다. 그는 바이러스가 암을 유발한다고 생각했고, 따라서 암을 연구하는 의사와 과학자도 암에 걸릴 수 있다고 걱정했다.

체스터 사우섬은 1954년, 뉴욕에 있는 슬론 케터링(Sloan-Kettering) 암 연구소에서 실험을 통해 이러한 생각을 처음으로 확인했다. 그는 암 환자에게 다른 환자에게서 뽑은 암세포를 주사했다. 그리고 2년 후에는 건강한 사람들에게도 활성 암세포를 주사했다. 이 실험은 오하이오 주립 교도소의 수감자들을 대상으로 실시되었다. 사우섬은 수 년 동안 600명 이상의 수감자에게 암세포를 주입했지만 그것이 어떤 주사인지에 대해 아무런 설명도 하지 않았다. 많은 실험 대상자들에게 종양이 생겼다.

유대인 만성질환병원에서는 노인 환자 22명에게 사전 동의 없이 암세포를 주사했다. 그런데 3명의 의사가 뉘른베르크 강령을 근거로 환자에게 주사 놓는 것을 거부했다. 그러자 다른 의사들이 대신 주사를 놓았고 3명의 의사는 병원을 그만뒀다.

이러한 사실이 언론을 통해 알려졌다. 한 기자가 사우섬에게 왜 스스로에게는 암세포를 주사하지 않았는지 묻자, 사우섬은 이렇게 대답했다. "능력 있는 암 전문의는 희귀합니다. 바보처럼 작은 위험을 감수할 필요가 있을까요."

오하이오 주립 교도소의 의사들이 암에 대한 면역력을 연구하는 체스터 사우섬을 도와서 활성 암세포를 수감자들에게 주입했다. 사우섬은 이 백신을 통해 암이 치유될 수 있을 거라고 확신했다. 하지만 수감자들에게는 무슨 주사를 놓은 것인지 전혀 알려 주지 않았다.

탈리도마이드 아기들

사람들이 체스터 사우섬의 실험에 대해 격분한 데에는 한 해 전, 세상에 알려진 '탈리도마이드(Thalidomide) 사건'이 일조했다. 1962년 미국 신문에는 유럽을 휩쓴 탈리도마이드 사건에 대한 기사가 연일 쏟아졌다. 탈리도마이드 사건은 역사상 가장 비극적인 의약품 사고로 알려져 있다. 입덧 개선제인 탈리도마이드를 복용한 임신 여성 수천 명에게서 선천적 기형아가 태어난 것이다. 팔과 다리가 지느러미 모양으로 태어난 아기들의 모습은 사람들에게 충격을 주었다. 유럽을 비극으로 몰아넣은 이 약은 프란시스 올드햄 켈시 박사의 노력으로 미국 식품의약국의 승인을 받지 못했다. 따라서 미국에서는 탈리도마이드 복용으로 인한 선천성 기형아가 거의 태어나지 않았다. 탈리도마이드 사건은 인체 실험의 결과는 아니었지만, 대중들의 눈에 사우섬 박사의 비윤리적 행위는 의학이 얼마나 끔찍한 길을 갈 수 있는가를 보여 주는 또 다른 사례였다.

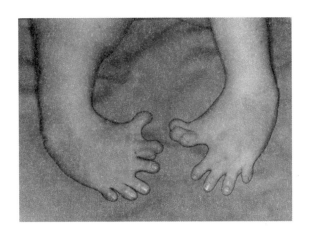

탈리도마이드 부작용으로 인해 태어날 때부터 기형인 아기의 발 모양

미국 국립보건원(NIH)은 브루클린 유대인 만성질환병원의 임상실험과 국립보건원이 자금을 지원하는 다른 의학 실험들도 조사하기로 했다. 1966년에 국립보건원은 처음으로, 위원회를 구성하여 인체 실험 연구에 연방 지원금을 주기 전 위원회가 그 실험에 대해 검토하고 승인을 해야 한다는 결정을 내렸다. 위원회는 연구원뿐만 아니라 민족과 인종, 계급이 다양한 사람들로 구성하기로 했다. 국립보건원의 규정은 변화의 시작이었다. 지금은 각각의 의사와 이해관계가 없는 위원회가 환자의 동의를 확인한다. 비처의 폭로로 인해 사람들은 사전 동의를 받지 않는 의학 실험의 위험성을 깨달았다. 그러나 이러한 변화와 국립보건원의 새로운 규정에도 불구하고 1970년대에 충격적인 사건이 잇따라 밝혀지게 된다.

터스키기 매독 실험

1932년 미국 공중보건원(PHS)의 직원들은 아프리카계 미국인 남성을 대상으로 매독을 연구하기 위해 실험을 실시했다. 매독은 성행위로 인해 전염되는 질병이다. 매독을 치료하지 않으면 심장병에 걸릴 수도 있고 실명과 정신이상, 그리고 결국 죽음에까지 이를 수 있다.

당시 매독은 앨라배마 주의 메이컨 카운티처럼 가난한 흑인들이 모여 사는 동네에 널리 퍼져 있었다. 공중보건원의 의사 탈리아페로 클락은 많은 사람들에게 값비싼 치료를 해서 돈을 소모하기보다는 병의 진행 과정을 제대로 관찰하는 것이 낫다고 제안했다. 그렇게 해서 터스키기 매독 실험이 시작되었다.

공중보건원의 의사들은 실험 대상자를 확보하기 위해 무료 건강 검진의 날을 마련했다. 평상시에는 건강 검진을 받을 수 없었던 가난한 흑인 남성들이 혈액을 뽑기 위해 병원으로 몰려들었다. 의사들은 병원을 찾은 흑인들에게 안전한 검사를 해주고 병이 발견되면 무료로 치료를 해주겠다고 했다.

의사들은 매독 말기에 있던 흑인 농부 399명을 실험 명단에 올렸다. 또 201명의 건강한 남성들로 대조 집단을 만들었다(대조 집단은 건강한 사람과 매독 환자 사이의 연구 결과를 비교하기 위한 것이었다). 그러나 건강한 사람들과 매독에 걸린 사람들 모두 자신들이 연방 정부의 인체 실험 대상자라는 사실을 까맣게 몰랐다. 그들은 자신들이 '나쁜 피' 때문에 병에 걸렸으며, 현재 치료를 받고 있다는 터스키기 전문학교(아프리카계 미국인을 위한 대학)와 지역 보건부의 말을 믿었다.

공중보건원은 1972년까지 이 실험 대상자들을 꾸준히 추적했다. 1940년대에 페니실린이 매독을 치료한다는 사실이 알려졌을 때에도 실험에 참여한 터스키기의 남성들은 페니실린을 처방받지 못했다. 대신 연구자들은 치료한다는 시늉을 하기 위해 신체검사를 하고, 아스피린과 비타민을 주었을 뿐이다. 또한 실험 대상자들을 연구에 계속 묶어 두기 위해 무료 급식과 무료 장례식을 제공했다.

터스키기 연구는 널리 공개되지 않았지만 그렇다고 비밀도 아니었다. 이 실험으로 사망한 남성들의 부검 소견이 의학 잡지에 실렸다. 이 논문

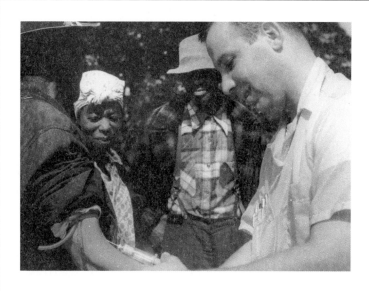

언제 촬영된 것인지 알 수 없는 사진. 터스키기 매독 연구를 위해 의사가 피험자로부터 혈액을 뽑고 있다. 1970년대에 터스키기 실험 피해자와 가족들이 소송을 제기했다. 미국 정부는 이 연구의 생존자와 그 직계 가족(아내와 자녀)에게 평생 동안 무료 진료와 건강 검진, 그리고 무료 장례식을 제공할 것을 약속했다. 마지막 생존자는 2004년 1월에 96세의 나이로 사망했다.

들을 통해 의사와 간호사, 정부 관리 들은 흑인 남성들이 끔찍하게 죽어 간다는 사실을 알게 되었지만 누구도 이 실험의 비윤리성을 문제 삼지 않았다.

그러던 중 1960년대에 들어 흑인 인권 운동이 대중적으로 확산되고 점점 거세졌다. 흑인들은 인종 차별과 억압에 맞서 시위와 항의 행진을 계속했다. 전국 대도시에서는 인종 불평등에 대한 분노가 폭발하면서 연일 폭력 사태가 이어졌다. 미국 남부에서는 흑인 아이들의 등교를 거부하는 백인 시위대의 폭동을 저지하기 위해 주 방위군이 나서야 했다. 이러한 분위기 속에서 1965년, 공중보건원에서 일하던 피터 벅스턴이 터스키기 연구에 대해 알게 되었다. 벅스턴은 상사들에게 이 연구를 중단시켜야 한다고 문제를 제기했다. 흑인 차별에 대한 대중의 의식이 깨어나고 있을 때였지만 귀 기울여 듣는 관리들이 없었다. 벅스턴은 공중보건원을 그만둔 후에도 7년 동안 줄곧 항의 편지를 썼다. 결국 좌절한 벅스턴은 신문 기자에게 이 연구를 알리기로 결심했다.

1972년 7월 25일, 터스키기 연구에 관한 이야기가 신문 1면에 실렸다. 기사를 본 미국인들은 충격을 받았다. 비윤리적인 터스키기 연구에 대한 분노는 그 시대의 사회적·정치적 분위기와 결합되어 변화를 위한 기폭제가 되었다.

조금씩 자라는 연구 윤리 의식

터스키기 사건이 알려지자 매사추세츠 주 의회 의장인 에드워드 케네디 상원의원이 수감자에 대한 인체 실험과 또 다른 인체 실험 피험자에 대한 청문회를 요구했다. 청문회를 벌인 결과 의회는 1974년 '국가 연구에 관한 법률'을 통과시켰다. 이 법안은 '생명의료 및 행동 연구의 피험자 보호를 위한 국가위원회'라는 특별위원회를 발족시켰다. 이 위원회의 목적은 임상시험의 바탕이 되는 기본적인 생명 윤리 원칙을 정의하고 그러한 원칙들이 준수될 수 있도록 지침을 제시하는 것이었다.

수감자를 대상으로 하는 인체 실험에 대한 의회 청문회가 열리자 대중은 분노했다. 그리고 얼마 후인 1976년 3월 1일, 연방 교도소 관리국의 노만 A. 칼슨 국장은 연방 수감자들에 대한 인체 실험을 금지한다고 발표했다. 주립 교도소도 곧 연방 교도소 관리국의 선언을 따랐다. 수감자를 대상으로 하는 대부분의 실험은 4년 동안 중단되었다.

하지만 수감자에 대한 실험 금지는 오랫동안 지속되지 않았다. 국가위원회는 수감자들과 미 식품의약국(FDA)의 불만 때문에 연방 교도소 관리국의 금지령을 철회했다. 수감자들에게는 임상시험이 교도소 내의 다른 일자리보다 많은 돈을 벌 수 있는 기회였기 때문이다. 또한 의료 혜택과 실험실에서의 자유도 수감자들을 유혹했다.

미국 보건 교육 복지부(후에 '보건 복지부'로 이름이 바뀜)는 국가위원회와 식품의약국이 승인한 수감자 대상 임상시험에 대해 엄격한 지침을 마련했다. 치료를 목적으로 한 연구 실험은 허용하되 위험을 최소화해야 한다는 원칙을 제시한 것이다.

1979년 국가위원회는 '벨몬트 보고서'를 발간했다. 벨몬트 보고서는 인간을 대상으로 한 연구 윤리를 획기적으로 변화시켰다. 수십 년에 걸친 비윤리적인 실험 이후 마침내 미국 연구자들도 뉘른베르크 강령을 따라야만 했다. 벨몬트 보고서는 인간을 대상으로 하는 의학 연구에서 반드시 지켜야 할 3가지 윤리 원칙, 즉 인간 존중의 원칙, 선행의 원칙, 정의의 원칙을 담고 있다.

인간 존중의 원칙은 모든 피험자의 자발적인 사전 동의를 규정하고 있다. 선행의 원칙(beneficence)은 실험으로 인한 피험자의 혜택을 최대화하고 위험을 최소화하는 것이다. 정의의 원칙은 실험으로 인한 혜택은 일부 집단이 아니라 모든 사람이 동등하게 받아야 한다는 것이다. 또한 새로운 치료법을 실험하는 부담은 가난한 사람이나 교육받지 못한 사람만이 아니라 모든 사람이 동등하게 짊어져야 한다고 규정한다. 이것은 피험자들은 인종과 경제적 계급, 나이와 민족적 배경을 초월하여 다양해야 한다는 뜻이다.

일반 규칙

이 3가지 원칙은 인간을 대상으로 하는 의학 실험의 지침으로서 1981년 채택된 연방법의 기본 틀이 되었다. '일반 규칙(The Common Rule)'이라고 알려진 이 연방법은 지적 장애인이나 어린아이처럼 사회적 약자에 대한 연구를 엄격히 통제한다. 식품의약국도 신약과 새로운 의료 기구, 생물학적 의약품(백신과 같이 생물학적 물질로부터 생산된 약품)의 임상시험과 승인에 대해 유사한 규제안을 채택했다.

문제는 사람들이 스스로의 입장을 표명할 수 없거나 사회 전체의 이익을 위해 어느 정도 희생을 치르더라도 연구가 필요한 경우이다. 위원회는 그러한 상황에서 따라야 할 윤리 원칙과 기준을 놓고 고심했다. 법은 위험을 여러 가지 범주로 나누고 부모와 아이들로부터의 동의가 언제 위임되어야 하는지 규정한다. 대부분의 경우 위험의 수준과 관계없이 부모의 사전 동의가 필수이며, 이해할 수 있는 나이의 아이들은 본인이 동의해야 한다. 그러나 법은 지정 대리인이 언제 지적 장애인을 대신할 수 있는가에 대해서는 명확하게 규정하고 있지 않다.

일반 규칙에서 가장 중요한 규정은 '임상시험 심사위원회(IRB)'의 설립이다. 임상시험 심사위원회는 연방의 지원을 받는 모든 인간 피험자 대상 실험을 검토하여 이를 승인할 것인지 거부할 것인지를 결정한다. 결국 임상시험 심사위원회의 업무는 인체 실험이 일반 규칙에 어긋나지 않는가를 판단하는 것이다.

피험자를 보호하기 위한 법률이 제정되었음에도 불구하고 여전히 많은 문제가 발생하고 피해도 끊이지 않는다. 어떤 실험은 윤리적인 문제가 있기도 하고, 법을 위반하기도 한다. 또 딜레마에 빠진 실험들도 있다. 사람들은 결국 우리에게 피해를 줄지도 모르는 의학 실험을 필요로 한다는 것이다.

21세기에 들어서 수백만 명의 미국인이 임상시험에 자원하고 있다. 특히 유전학 분야는 심각한 질병을 치료할 수 있는 가능성이 있다. 임상시험에 참가하는 개인의 인권이 의학 발전을 위한 사회의 요구와 대립할 때 어떻게 균형을 맞출 수 있을까?

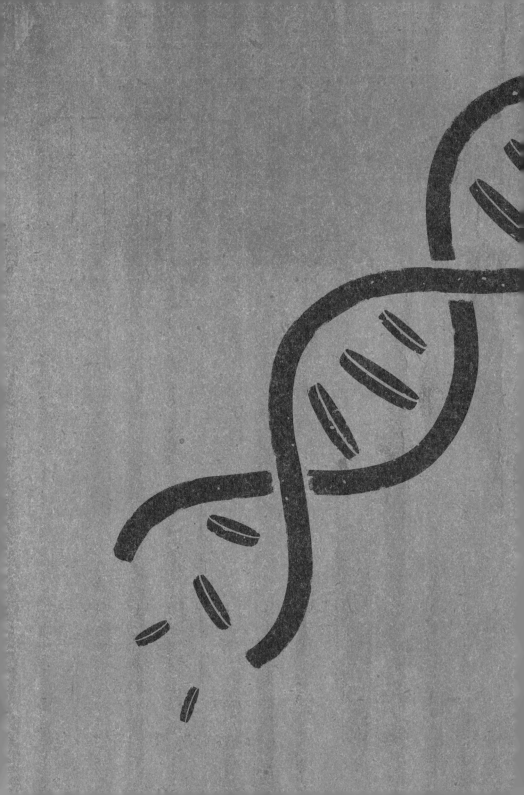

5

인간을 위한
과학의 길

제약회사의 임상시험과
현대 의학 연구의 뜨거운 쟁점들

누군가를 가르칠 때 우리는
그가 어떤 사람이든
그를 추상적인 존재로
생각해서는 안 된다.
대신 모든 사람을
고유의 비밀과 보물을 간직하고,
저마다 고뇌할 이유가 있고,
저마다 승리의 기준을 지닌
하나의 우주로 봐야 한다.

1992년, 엘리 위젤
(나치의 강제 수용소 생존자이자 인권 운동가)

3세 생일을 코앞에 둔 제시 겔싱어가 텔레비전 앞에 잠이 든 듯 쓰러져 있었다. 제시는 그의 부모가 아무리 깨워도 일어나지 못했다. 부모는 제시를 안고 병원으로 달려갔다. 그는 '오르니틴 트랜스카바밀라아제 결핍 증(OTC)'이라는 유전성 희귀병을 앓고 있다는 진단을 받았다.

사람의 간에는 단백질이 분해될 때 만들어지는 독소인 암모니아를 처리하는 유전자가 있다. 제시에게는 이 유전자가 없어서 암모니아 농도가 위험할 정도로 높아졌던 것이다. 죽을 수도 있는 위험한 병이었지만, 제시는 다행히 약으로 치료할 수 있었다. 그래도 성장하는 동안 병원 응급실을 들락날락해야 했고 하루에 50알 정도의 약을 삼켜야 했으며 음식을 엄격하게 가려 먹어야 했다.

18세가 된 제시는 필라델피아 주 펜실베이니아대학의 유전자 이식 연구에 등록하기로 결심했다. 제임스 윌슨 박사와 연구 팀은 제시에게 결핍된 유전자를 가진 특수한 바이러스를 개발했다. 연구자들은 이것을 제시에게 주사해서 우리 몸이 심각한 부작용을 일으키지 않고 견딜 수 있는 바이러스의 양이 어느 정도인지 알고 싶었다.

제시는 이 주사가 단순한 치료제가 아니라는 것을 알았다. 그는 이 유전자 치료가 자신에게 개인적으로 이익이 되지 않을 거라는 것을 알고 있었다. 그러나 그는 자신과 같은 병을 앓는 어린아이들을 위해서 치료법을 찾는 일에 도움이 되고 싶었다. 제시와 가족은 안전한 실험이라는 의사들의 말을 믿었다.

1999년 9월 13일, 의사들은 제시에게 고용량 바이러스를 주사했다.

그 후 몇 시간도 채 지나지 않았을 때 제시는 호흡 곤란을 일으켰고 생명이 위태로워졌다. 병세가 더욱 악화되었지만 의사들은 유전자 치료 임상시험을 중단하지 않았다. 제시는 바이러스 주사를 맞은 지 4일 만에 사망했다.

의료 사고의 원인을 조사하는 과정에서 연구의 비윤리적인 내용이 밝혀졌다. 의사들은 미 식품의약국이 정한 규정을 따르지 않았다. 제시의 암모니아 수치가 안전하지 않은 수준임을 알면서도 고용량 바이러스를 주사한 것이다. 사실 미 식품의약국의 규정 자체가 허술했다. 보통 위험한 시험은 중증 환자에게만 시행된다. 하지만 제시는 병이 비교적 안정적이고 치료 가능한 때에 위험한 실험이 행해졌다.

유전자 치료는 원숭이와 사람에 대한 초기 바이러스 임상시험을 통해 이미 위험성이 알려졌고 심지어 치명적인 부작용이 일어날 수 있음이 밝혀졌다. 그럼에도 의사들은 제시와 가족에게 부작용에 대해 충분히 알리지 않았고 사전 동의도 받지 않았다. 사실 연구자들은 연방 규제 기관과 임상시험 심사위원회에 부작용이 생긴 사실을 일부러 알리지 않았다. 이건 명백한 불법이었다.

얼마 후 제시의 아버지는 의사들이 저지른 또 다른 심각한 윤리 위반 행위를 알게 되었다. 윌슨 박사는 제시와 다른 피험자에 대한 임상시험 결과에 기초하여 치료제를 개발하고 판매하는 제약회사의 주식 30퍼센트를 소유하고 있었던 것이다. 펜실베이니아대학도 그 제약회사의 주식을 소유하고 있었다.

이윤을 위해 달리는 연구

제시의 일이 세상에 밝혀지면서 폭발적으로 증가하던 의학 연구 사업이 사람들의 주목을 받기 시작했다. 신약과 새로운 치료법으로 막대한 이득을 얻을 수 있다는 전망이, 결과를 빨리 보려는 경쟁과 압력을 부추겼다. 이는 피험자의 안전을 위태롭게 할 수도 있다.

연구자들은 임상시험이라는 이름으로 해마다 더 많은 신약과 다른 치료법을 시험한다. 이러한 임상시험에 필요한 피험자의 수는 하늘 높은 줄 모르고 치솟았다. 자원자 등록을 받는 한 회사의 발표에 따르면, 임상시험에 필요한 피험자의 수가 전 세계에서, 1999년 280만 명에서 2005년 1980만 명으로 껑충 뛰었다고 한다.

피험자는 예전에 비하면 많은 보호를 받고 있다. 의학적으로 엄청난 발전도 이루어졌다. 임상시험은 과거보다 훨씬 안전하다. 하지만 의학 연구가 갑자기 유행하면서 일반 규칙을 지키지 않는 경우도 많았다.

1981년 연방법이 처음 시행되었을 때는 대학과 의료 기관의 연구자들이 주로 의학 연구를 했다. 이때는 배우고 가르치고 공익을 추구하기 위한 학문적인 접근이 대부분이었다. 사람들도 중요한 연구 질문을 해결하는 데에 도움이 되고자 임상시험에 참가했다. 암과 심장병을 정복하고자 하는 연방 정부와 비영리 의료 기관이 대부분의 실험을 지원했다.

21세기에 들어서면서 상황은 달라졌다. 제약회사들이 학술 기관의 연구를 비롯한 많은 연구를 지원하고 있다. 기업이 신약 개발에 뛰어들면서 임상시험은 막대한 경제적 보상과 연관되기 시작했다. 신약에서 얻는 경제적 이익이 수십조 달러에 달하기 때문이다.

　속도는 이윤을 의미한다. 일단 기업이 특정 약에 대한 특허권을 따면 독점권이 인정되어 다른 기업은 20년 동안 똑같은 약을 제조하고 판매할 수 없다. 한 기업이 신약을 개발하고 시험해서 식품의약국의 승인을 얻는 데에는 10년 이상의 시간이 걸리며 비용 또한 수백만 달러에 달한다. 그런 이유로 제약회사는 특허 독점 기간인 20년 동안 가능한 한 빨리 식품의약국의 승인을 얻기 위해 특허 받은 약의 또 다른 변형 약을 제조한다. 이러한 식으로 특허가 말소되면 기업은 즉시 대체 의약품을 출시하여 판매한다.

　연구자들은 종종 원칙을 무시하거나 실험 결과를 부풀리기도 한다. 결과가 만족스럽지 못하면 지원이 중단되기 때문이다. 그것은 연구자의 입장에서는 참으로 두려운 일이다. 또는 대학 교수 자리가 새로운 의학적 업적에 전적으로 달려 있기 때문에 그럴 수도 있다. 학문 기관은 연구를 신속하게 실행할 장비를 갖추고 있지 못하다. 그래서 신약에 대한 임상시험은 대부분 또 다른 기업, 즉 '임상시험 수탁기관(임상시험 대행기관, CRO)'에 맡긴다. 임상시험 수탁기관은 신약에 대한 임상시험과 임상시험 관리, 식품의약국의 승인에 이르기까지 모든 업무를 대행한다.

임상시험 심사위원회

하나의 약에 대한 여러 임상시험이 미국 내 여기저기에서 동시에 진행될

때, 미 식품의약국은 관련된 연방 법령에 따라 '임상시험 심사위원회(IRB,

미국에 수천 개가 있다. 우리나라 역시 임상시험 심사위원회가 존재한다. 여기에서는 임상시험 계

획서를 시험하고 임상시험 과정 및 결과에 대해 조사 및 감독을 한다. 임상시험 심사위원회의 심

의는 점점 강화되는 추세이다)'에게 감독하고 승인하는 권한을 준다. 만약 한 위

원회가 승인을 거부한 반면 또 다른 위원회가 승인을 해주었다면 이 임상

시험을 계속 진행시킬 수 있다. 따라서 임상시험 수탁기관들은 승인을 받

을 때까지 여러 위원회의 문을 계속 두드릴 수 있다. 그런데 임상시험 심

사위원회 위원들이 개인적으로 아는 연구자들에게 특혜를 주거나 대학

같은 기관에 소속되어 있다면 문제는 더욱 복잡해진다. 이런 경우 임상시

험 자체가 아니라 개인적인 관계 때문에 승인이 날 확률이 높아진다.

우리나라의 임상시험 수탁기관

우리나라에도 임상시험 수탁기관이 활동하고 있다. 식품의약품안전처(식약처)는
2013년 3월부터 한국제약협회 홈페이지를 통해 임상시험 수탁기관 자율등록제
를 실시하고 있는데, 현재(2014년)까지 등록된 임상시험 수탁기관은 총 20개로,
국내 기관은 12개, 외국계 기관은 8개였다.
임상시험 수탁기관은 부정적인 면만 있는 것이 아니다. 임상시험 수탁기관으로 인
해 제약 임상시험을 전문적으로 수행할 수 있고, 이로써 신약 개발 기간이 단축될
수도 있기 때문이다. 임상시험을 할 때 가장 중요한 것은 피험자 보호가 제대로 이
뤄지느냐의 문제이다.

임상시험 심사위원회는 이익을 추구하는 사업과도 관련 있다. 임상시험을 지원하는 기업이나 후원자는 업무를 원활하게 하기 위해 위원회에 비용을 지불한다. 위원회는 임상시험을 더 많이 검토할수록 더 많은 돈을 번다. 그리고 승인을 빨리 해주는 위원회일수록 더 많은 사업을 맡게 된다.

미국 보건 복지부 산하의 '인간 피험자 보호국(OHRP)'과 식품의약국이 임상시험에 대한 기술적인 관리와 감독을 맡고 있다. 그러나 수많은 임상시험으로 인해 제대로 관리를 하기가 힘들다. 2007년 미 보건복지부 보고서에 따르면, 식품의약국 직원 200명이 한 해에만 약 35만 건의 임상시험을 검토했다고 한다. 게다가 모든 제약 임상시험 중 1퍼센트만 회계 감사를 받으며, 대부분의 현장 사찰은 안전 위반을 찾기보다는 자료를 확인하는 데 초점이 맞춰져 있다.

임상시험 심사위원회 역시 임상시험을 감시할 책임이 있지만 사전 동의서 같은 서류의 하자만을 검토한다. 그들은 보통 임상시험 현장에는 직접 가지도 않고 후원자들에게 곤란한 질문도 하지 않는다. 2006년 플로리다 주 마이애미에서는 윤리적 위반뿐 아니라 화재와 안전 위험 때문에 675개의 병상 실험을 폐쇄했다. 임상시험 참가자들 대부분이 영어를 못하는 불법 이민자였기 때문에 시험의 위험성을 완전히 이해하지 못했다.

임상시험

임상시험에는 약, 외과 수술, 의료 기구 같은 새로운 치료법이나 기구를 파악하는 시험도 있고 백신처럼 예방 효과를 확인하는 시험도 있다.

제1상이라고 부르는 임상시험의 첫 단계는 위험 부담이 크다. 이 단계에서는 건강한 사람들이 첫 번째 대상이다. 물론 암이나 에이즈 같은 중병에 대한 제1상 임상시험 대상자는 병을 앓고 있는 환자이다. 제1상 임상시험은 안전을 시험하고 부작용을 발견하고 신체가 어떻게 반응하는지 알아내는 것이다.

제2상 임상시험의 대상은 상태를 개선하고자 하는 환자이며 새로운 치료법을 시험하기 위해 수백 명의 등록을 받는다. 연구자는 안전을 점검하고 치료 효과가 있는지 알아보기 시작한다.

제3상 임상시험에서는 특정 질병을 가지고 있는 환자 수천 명이 무작위로 시험에 참가한다. 이중에서 어떤 피험자들은 무작위로 시장에 이미 출시된 약을 처방받는 반면, 어떤 피험자는 신약을 처방받는다. 그리고 두 경우의 효력을 비교한다.

어떤 무작위 임상시험에서는 플라시보 효과를 시험하기도 한다. '플라시보'란 아무 의학적 효과가 없는 약을 의미한다. 설탕으로 만들어진 것이라 해도 약이라고 하면 환자의 상태가 나아지기도 한다. 이는 치료를 받고 있다는 환자의 믿음에 근거한다. 플라시보는 환자의 건강이 치료를 받지 않으면 심각하게 악화될 수 있는 경우에는 허용되지 않는다.

많은 경우 임상시험은 건강한 사람을 대상으로 하는 연구이다. 이러한 것은 보통 병원에서 행해지며 건강한 지원자는 선별검사나 자기공명영상(MRI) 검사 같은 최소한의 임상시험에 참가한다.

통계를 보여 줘

현재의 연방법에 따르면, 제약 임상시험이 아닌 일반 임상시험의 경우 연방의 지원을 받는 연구의 피험자만을 보호한다(제약 임상시험은 보통 제약사의 돈으로 진행하지만, 그럼에도 연방법의 규율을 따른다). 단과대학과 종합대학 같은 많은 기관들도 일단은 일반 규칙을 따른다. 그러나 연방 정부의 지원금을 받지 않는 실험은 반드시 그럴 필요가 없다. 이러한 상황에서 관리와 감시는 유명무실할 수밖에 없다.

이것은 통계 자료의 부족이라는 추가적인 관리 문제를 낳는다. 중앙 자료 수집 체계도 아직 존재하지 않는다. 이러한 이유 때문에 임상시험 도중에 발생한 참가자의 피해 건수, 취약한 결과 및 다른 문제는 잘 밝혀지지 않는다.

진짜 자발적이었을까?

수감자들과 사회적 약자들의 임상시험 참여를 제한하는 법률이 제정되면서 일반 대중이 자원하고 있다. 하지만 그와 관련된 윤리적 문제도 심심치 않게 제기되고 있다. 그렇다면 임상시험 자원자는 어떻게 모집해야 할까? 임상시험 첫 단계에 지원한 건강한 사람들에게 위험이 너무 크지는 않은가? 심각한 질병을 앓는 사람만 임상시험에 참여할 수 있을까? 지원자가 실험에 참여함으로써 발생할 수 있는 모든 위험을 완전히 이해하려면 동의서의 형식은 어떻게 바뀌어야 할까? 정신적 장애인은 동의를 위임할 수 있을까?

　문제는 임상시험 그 자체의 성격이다. 임상시험은 단지 임상시험일뿐이다. 생명 윤리 학자 제리 메니코프의 말을 빌려 보자. "대부분의 연구는 피험자들을 치료하기 위한 것이 아니다." 임상시험의 목적은 단지 특정 문제에 대한 의학적 이해를 돕기 위한 것이다. 환자는 임상시험이나 신약으로부터 혜택을 받을 수도 있지만 그것이 목표가 아니다.

　게다가 의사와 연구자의 법적 의무는 각기 다르다. 연구자가 의사이거나 환자 개인의 주치의라 하더라도 차이는 분명하다. 의사와 환자의 관계에서 의사는 최대한 환자를 위한 치료를 제공해야 한다.

　반면 연구자와 피험자 사이에 지켜야 할 법적 의무는 의사와 환자 사이의 법적 의무보다 약하다. 일반 규칙은 피험자가 얻을 수 있는 혜택과 새로운 지식으로부터 사회가 받는 혜택과의 관계에서 피험자에게 주어지는 위험은 적정해야 한다고 규정한다. 임상시험 피험자에게 주어지는 혜택은 위험 부담보다 더 클 필요는 없다. 다른 말로 하자면 윤리위원회가 승인한 실험도 실제로는 피험자를 위한 긍정적인 혜택이 없을지도 모른다.

임상시험의 거짓말

임상시험 참가자들은 왜 임상시험이 자신에게 도움이 된다고 생각하는 것일까? 졸리 모어의 경우를 보면 그 답을 짐작할 수 있다. 졸리 모어의 주치의는 그녀와 다른 지원자들을 설득하여 임상시험을 시작했다. 모어

자원자에게 이로운 연구는 어떤 것일까?

개인적인 이익을 기대할 수 없는데도 기꺼이 위험한 실험에 참가하려는 사람이 있을까? 지원자는 결정을 내리기 전에 의사가 임상시험 기록을 남길 필요가 없는 최첨단 치료법이나 약을 처방할 수 있다는 것을 알아야 한다. 이는 특히 항암 화학요법 같은 것에 해당된다. 식품의약국이 일단 승인하면 의사는 정해진 공식적인 용법 외에도 여러 다양한 목적을 위해 처방할 수 있다.

대부분의 신약은 특허가 말소될 약을 대체해서 사용하기 위해 약간씩 변형된다. 병이 있는 사람은 아직 널리 시험되지 않은 변형 약을 사용하기보다는 이미 효과가 증명된 기존 약을 선택할지도 모른다.

만약 새로운 치료를 받을 피험자와 기존의 치료를 받을 피험자가 정해지지 않은 무작위 비교 임상시험이라도 피험자가 신약 치료를 받을 가능성은 오직 50퍼센트이다. 피험자는 실험적 치료를 받는 것을 희망한다고 해도 임상시험에는 등록하지 않겠다고 결심할지도 모른다.

졸리 모어(사진은 2006년에 남편, 그리고 딸과 함께 찍은 것이다)는 류머티즘 관절염으로 실험적인 유전자 치료를 받은 지 3주 만에 과다 출혈과 장기 부전으로 사망했다. 그녀가 서명한 15쪽에 달하는 동의서에는 이 임상시험에 참가하여 '직접적인 의료 혜택'을 기대하지 않는다는 것을 명시한 문장이 있었다.

는 관절마다 통증을 동반하는 부종인 류머티즘 관절염을 앓고 있었다. 하지만 그 증상만 빼면, 모어는 남편과 어린 딸이 있는 건강한 36세의 여성이었다.

모어의 의사는 새로운 유전자 치료를 임상시험하고 있었다. 임상시험을 지원하는 기업은 의사에게 그가 모집한 피험자에 대한 대가를 지불하고, 이를 모어와 다른 지원자들에게는 알리지 않았다. 의사는 모어의 증상이 약으로 개선되었는데도 그녀가 임상시험에 참가해야 한다고 설득했다. 의사는 자신의 진료실에서 모어의 무릎에 약을 주사했다. 주사를 맞은 지 3주 후인 2007년 7월 24일, 모어는 사망했다.

모어의 사망 원인이 무엇인지는 명확하지 않다. 하지만 모어가 임상시험의 위험성도, 의사와 후원 기업 간의 금전적 이해관계도 알지 못했다는 것이 중요하다.

모어의 남편은 기자에게 이렇게 말했다. "의사는 아내에게 무릎이 좋아질 거라는 말만 했어요. 그저 간단한 것이라고 하면서 말이에요."

졸리 모어의 죽음에도 불구하고 식품의약국은 조사가 끝난 뒤에도 임상시험을 계속하도록 허가했다. 그러나 모어의 죽음은 8년 전 겔싱어의 경우처럼 사전 동의와 의사의 이해관계라는 문제를 제기한다.

모어는 임상시험의 위험성과 의사와 제약회사의 경제적 유착 관계에 대해 알았어도 시험에 자원했을까? 우리는 결코 장담할 수 없다.

왜 위험한 연구에 참가하는 걸까?

한 개인이 임상시험에 대해 많은 정보를 얻을수록 참가자로 등록할 가능성은 줄어들 것이다. 그러나 시험약의 위험성과 해로움의 정도가 특히 높은 제1상 암 연구에서도 피험자들은 자신이 연구를 통해 혜택을 받을 수 있을 거라고 지나치게 낙관하는 것 같다. 왜 그럴까? 왜 사람들은 위험한 연구에 참가하는 것을 동의하는 걸까?

일반적으로 치료를 간절히 원하는 사람들은 작은 희망이라도 놓지 않으려 한다. 또 자신이 임상시험에서 혜택을 받을 만큼 운이 좋은 사람이라고 믿는 경향이 있다. 동의서의 내용이 모호하고 위험 정도가 분명하게 적혀 있지 않아서 참가하는 사람도 있다.

일반 규칙과 현재 식품의약국이 규정한 사전 동의는 과거에 비해 훨씬 엄격해졌다. 과연 얼마나 나아진 것일까?

과거에는 피험자에게 전혀 혹은 거의 아무런 정보도 제공되지 않았다. 현재는 사전 동의를 법으로 규정한다. 하지만 문제는 위험성이 명확하게 전달되지 않는다는 것이다.

하나 덧붙이면, 현재의 동의 규정은 특정 임상시험의 위험성과 혜택에 문제를 제기하지 않는 환자들을 보호하지 못한다.

어떤 연구자들은 자신들이 임상시험에 대한 더 많은 정보를 제공하면 지원자가 줄어들지 않을까 걱정하기도 하고 연구에 참가하는 사람이 줄어들수록 의학 발전이 늦어질지도 모른다고 생각하기도 한다.

돈이 답이 될 수 있을까?

임상시험에 참가하는 것을 장려하고 부담을 공정하게 나누려면 후원자나 연구자가 참가자에게 대가를 제공하는 방법이 있을 수도 있다. 하지만 식품의약국은 이때 제공되는 돈의 액수가 압력으로 생각되지 않을 정도여야 한다고 규정한다. 그 비율과 금액을 정하는 것은 임상시험 심사위원회가 맡고 있다. 피험자에게 압력으로 느껴지게 하는 것을 피하기 위해 최저 임금에 가까울 정도로 낮은 금액을 책정하고 있다.

피험자에게 대가를 제공하는 것에 대해서는 현재 논쟁 중이다. 어떤 사람들은 대가가 제공되지 않으면 피험자들이 위험을 감수하지 않으려 할 거라고 우려한다. 특히 건강한 참가자에게 유해할지도 모르는 신약을 시험할 때 대가를 받는 제1상 임상연구가 그렇다. 수십 년 전과 달리, 건강한 사람들은 위험 부담이 크면 임상시험에 잘 지원하지 않는다. 제1상 신약 지원자는 보통 가난한 사람이거나 실업자이거나 수감자이거나 학생이다. 보통 이들이 시험에 참가하는 이유는 단 하나, 바로 돈 때문이다.

돈이 궁한 사람들은 연구의 위험성을 들어도 그에 대해 면밀히 따져보지 않을 것이다. 그러나 역설적으로 새로운 치료제가 성공을 거두면 이들은 그것을 살 수 있는 능력이 없을 것이다. 그들은 사회를 위해 임상시험의 부담을 짊어지지만 혜택은 누리지 못한다.

또한 참가자 대부분은 임상시험의 결과로 병이 들거나 문제가 발생해도 자신을 지켜줄 건강 보험이 없다. 임상시험의 후원자가 연구로 인한 질병이나 피해를 충분히 보상해 주지 않는다면, 이런 상황에서 피험자가

123

할 수 있는 일은 변호사에게 소송을 위임하는 것뿐이다.

경제적 대가를 반대하는 사람들도 임상시험 기간 동안 무료 건강 검진을 제공하는 것에 대해서는 찬성하는 것 같다. 의료 서비스가 비싸기 때문에 의사의 진료를 받기 위해 실험에 등록하는 사람들도 많다.

내 직업은 인간 기니피그

제1상 임상시험에 참가하는 건강한 사람들 중 많은 경우는 스스로를 '인간 기니피그'라고 부르는 전문 유료 실험 참가자들이다. 그들은 제약회사가 많은 오스틴, 텍사스, 필라델피아 같은 도시들에서 이 실험 저 실험을 찾아다닌다. 기니피그가 그들의 직업인 것이다. 경제적인 보상을 받는 참가자의 수에 대한 자료가 없기 때문에 전문 기니피그가 임상시험 피험자의 몇 퍼센트를 차지하는지 아무도 모른다.

전문 기니피그는 특히 실험의 계획과 관리 측면에서 도덕적 문제를 제기한다. 약물 시험을 위한 임상시험은 대부분 피험자들이 이전 실험에 참가하고 나서 1개월 이상이 지난 후에 실시해야 한다. 그 이유는 이전에 했던 실험에서 피험자에게 제공된 약이 다음 실험에 영향을 주지 않게 하기 위해서이다.

그러나 기니피그의 목적이 돈이라면 그 사람은 이전의 실험이나 현재의 실험에 대해 거짓말을 할 수도 있다. 피험자는 동시에 두 임상시험에 연관될 수도 있다. 관리자는 때로 규칙을 어기고 특정인을 또 다른 임상시험에 등록시켜 준다. 이러한 관례는 임상시험 결과를 왜곡시킬 위험이 크다. 또 단기적이든 장기적이든 기니피그의 건강에 해가 될 수도 있다.

불편한 직업

임상시험을 비판하는 사람들은 신약과 새로운 치료법의 혜택이 위험을 감수한 피험자에게 돌아가지 않고 제약회사나 임상시험 수탁기관(CRO)의 돈벌이 수단이 되는 현실을 개탄한다. 패스트푸드점에서 일하는 노동자와 달리, 인간 기니피그들은 단지 돈을 벌기 위해서만 서비스를 제공하진 않는다. 사회의 공익을 위해 위험을 감수하는 것이다.

위험한 직종에 종사하는 사람들은 위험한 일을 하는 대가로 종종 다른 사람들보다 많은 보수를 받는다. 위험 수당을 지급받고, 산재 보상이나 초과 근무 수당 같은 혜택도 받는다. 임상시험에 참가하는 일이 소방관이나 경찰관의 일과 다를 바 없다고 여기는 사람들이 많다. 소방관이나 경찰관에게 주어지는 높은 보수가 압력이 아닌 것처럼, 이 또한 압력의 형태라고 생각할 수 없다는 것이다.

어떤 윤리학자의 말처럼, 우리는 몸에 실험하는 걸 직업으로 삼는 것이 불편할 뿐이다. 일반적인 직업이라면 높은 보수를 적극적으로 찾는 게 당연하다. 하지만 임상시험을 할 땐 연구가 가진 잠재적 위험이 어떤 이에게 어떤 해를 끼칠지 짐작하기 어렵다는 걸 고려해야 한다. 임상시험으로 피험자에게 위험이 가해질 수 있다는 건 상상하기 어렵지 않다.

군인은 임상시험을 거부할 수 있을까?

21세기의 미군은 임상시험을 거부할 권리가 있을까? 미 국방부는 모든 육군과 예비군에게 탄저병 백신 투약을 강제했던 1997년의 결정에서 이 문제를 중요하게 다루었다.

탄저병은 치명적인 박테리아 전염병이다. 이 박테리아가 피부에 닿을 때는 치료될 수 있지만, 공기 중에 퍼져 있는 포자를 호흡하면 생명이 위태로울 만큼 치명적이다. 공기를 통해 전파되기 때문에 생물학 무기로 사용되기도 한다. 1990년대에 미 국방부 관계자는 이라크와 북한 같은 나라에서 탄저균을 생물전에 이용할까 우려했다.

미국 식품의약국은 탄저병에 감염될 위험이 있는 사람들에게 백신을 접종할 것을 승인하긴 했지만, 의료계는 전쟁에서 탄저균을 실험한 적이 없다고 주장했다. 탄저병 백신은 부작용이 많았다. 미 공군의 공병대 하사관인 로버타 K. 그롤은 만성 피로와 호흡 곤란, 복통, 감정 기복을 호소했다. 2000년까지 군인 수백 명이 탄저병 백신의 접종을 거부했다.

'통일 군사 재판법'은 자발적인 사전 동의를 요구하고 실험 거부자를 처벌하지 못하게 함으로써 의학 실험으로부터 군인들을 보호한다. 접종을 거부한 군인들은 탄저병 백신이 군법에 따라 합법적으로 거부할 수 있는 의학 실험이었다고 주장했다. 하지만 국방부는 이에 대해 탄저병 백신의 안전성이 입증되었다며 반박했다. 국방부 관계자들은 이 군인들에게 군법 회의에 넘기고 불명예 제대를 시키겠다고 위협했다.

미군 6명은 백신 접종 프로그램에 이의를 제기하는 소송을 걸었다. 법원은 식품의약국이 백신의 안전성을 승인했다면서 2006년, 백신 프로그램에 승소 판결을 내렸다. 탄저병 백신은 이제 생물 테러전과 관련된 군인, 응급 요원과 계약직 인력에게는 접종이 의무화되었다. 이라크와 아프가니스탄과 남한에 파견된 미군도 반드시 접종을 받아야 한다. 다른 군인들은 백신의 접종 여부를 선택할 수 있다.

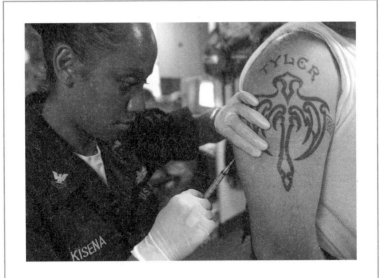

2003년 2월 아덴만에서 미 해군 상륙 지휘함 마운트 휘트니 함에 오른 선원이 탄저병 백신을 맞고 있다. 2004년, 일부 군인들이 백신 프로그램에 이의를 제기해 소송을 벌였다. 그럼에도 생물학 테러전 요원과 아프가니스탄, 이라크, 남한에서 복무하는 군인에게는 현재 접종이 의무화되었다.

개발 도상국에서의 임상시험

미국 연구자들에게 피험자를 보호한다는 것은 간단한 문제가 아니다. 의학 연구 사업이 몇 년 사이에 급격히 성장하면서 미국 안에서 지원자를 찾기란 거의 불가능해졌다. 이런 까닭에 제약회사들은 라틴 아메리카나 아시아, 동유럽의 개발 도상국에서 자원자를 모집하고 있다. 많은 제약회사들이 외국에서 임상시험을 하는 주요 이유는 경제적인 문제 때문이다. 개발 도상국 사람들은 돈을 벌기 위해 실험에 자원하는 경우가 많다. 이런 나라에서는 연구를 관리하는 비용도 저렴하다.

게다가 많은 나라가 아직 임상시험에 대한 법률을 가지고 있지 않다. 따라서 미국에서 임상시험을 할 때보다 시장에 신약을 더 빨리 내놓을 수 있으므로 더 빨리 이윤을 낼 수 있다. 21세기 초 미국 기업이 시행하는 임상시험의 40퍼센트가 개발 도상국에서 이루어졌으며 그 수는 계속 증가하고 있다.

외국에서는 임상시험 감독도 거의 받지 않는다. 미국의 임상시험 심사위원회는 외국에서의 임상시험을 확인해야 하지만 감독을 할 수 있는 직원이 거의 없다. 그리하여 외국에서 연구를 시행하는 기업에게 일반 규칙과 식품의약국 규정을 따르라고 권고할 뿐이다. 하지만 외국에서 법을 준수했는지를 감독하고 확인하는 것은 사실상 불가능하다.

외국에서의 임상시험은 심각한 윤리적 문제가 있다. 많은 나라가 의료 혜택이 취약하거나 거의 없다. 깨끗한 물이나 충분한 음식도 없다. 이런 상황에서 무상 진료와 먹을 것에 대한 유혹은 임상시험의 위험성에

인도 뉴델리의 전인도 의학 연구소(The all India Institute of medical sciences)
는 미국과 서유럽 시장을 겨냥한 약을 시험하기 위해 환자를 이용하는 인도의 공
공병원이다. 이러한 병원의 수는 지금 계속 증가하고 있으며 임상시험으로부터 막
대한 이익을 챙기고 있다. 미국 제약회사들은 규제가 느슨하고 시험 비용이 저렴
한 나라들에 점점 더 많은 의학 시험을 의뢰하고 있다.

대한 두려움보다 훨씬 크다. 피험자는 연구자들 사이의 경제적인 갈등도 알지 못하고 이해하지도 못한다. 연구 전반의 성격도 이해하지 못할 것이다. 지원자의 사전 동의가 이루어졌는지 확인하기도 어렵다. 많은 개발 도상국에서는 부족장이나 종교 지도자들이 마을 사람들을 대신해서 임상시험에 동의할 수도 있다. 때로는 남편이 아내와 아이들을 대신해서 동의하기도 한다. 동의서에 직접 서명하지 않는 경우 개별 참가자들이 연구의 위험성에 대해 들었는지 확인할 길이 없다.

외국에서 임상시험을 할 때의 치료 기준

윤리 문제는 그뿐만이 아니다. 임상시험 피험자를 위한 치료를 어느 수준으로 할 것인가와 관련해서도 문제가 발생한다. 외국에서 임상시험을 하는 연구자들은 미국 기준의 치료를 제공해야 하는가? 아니면 그 지역에서 적용되는 기준에 따라야 하는가? 그 기준은 매우 다르다. 인간 면역결핍 바이러스(에이즈, HIV)를 치료하는 약인 아지도티미딘(AZT) 임상시험은 이 문제와 관련하여 1990년대에 중요하게 부각되었다.

당시 연구자들은 아프리카와 동남아시아에서 에이즈에 감염된 임신부들에게 아지도티미딘을 투여했다. 미국에서 아지도티미딘을 복용하면 태어나는 아이들에게 바이러스가 옮지 않는다는 연구 결과가 나왔다. 그러나 개발 도상국들은 이 약을 충분히 공급할 여력이 없었다. 그리하여 아지도티미딘이 적은 양으로도 같은 효과가 있는지 알아보기 위해 임상시험이 실시되었다.

한 여성 그룹은 정량보다 적은 양의 아지도티미딘을 받았고, 다른 그룹은 약효가 전혀 없는 플라시보를 받았다. 미국에서 한 것처럼 정량의 아지도티미딘을 처방받은 그룹과 정량보다 적은 양을 처방받은 그룹을 비교하는 대신, 연구자들은 플라시보를 처방받은 그룹과 정량보다 적은 양을 처방받은 그룹을 비교하는 실험을 했다. 왜냐하면 그것이 실험을 지원한 나라의 기준이었기 때문이다. 다른 말로 하면 아무런 기준이 없었던 것이다.

사람들은 분노했다. 당시 유일하게 효과적인 치료약으로 알려진 아지도티미딘을 에이즈에 감염된 여성에게 투여하지 않는 것은 비윤리적이라고 생각했다. 비판적인 입장의 사람들은 이 연구를 흑인들에게 치료 효과가 입증된 페니실린을 고의로 투여하지 않았던 터스키기 매독 실험과 비교했다.

아지도티미딘 임상시험은 1996년판 헬싱키 선언을 위반했다. '헬싱키 선언'은 1964년에 처음 확립된 것으로, 해외 임상시험에 대한 지침이 된다. 1996년판 헬싱키 선언에서는 국제적인 치료 기준, 곧 가장 효과적인 치료법이 알려져 있을 때에는 플라시보를 이용한 연구를 금지한다고 규정했다. 이 규정은 표준 치료가 적용되지 않은 나라에서 임상시험을 할 때에도 유효했다. 하지만 2002년 헬싱키 선언은 설득력 있고 과학적으로 타당한 이유로 인해, 플라시보가 연구의 효능이나 안전성을 결정하는 데 필요하고, 플라시보를 시험하는 환자에게 심각하거나 돌이킬 수 없는 위험이 없을 경우에는 플라시보를 허용한다고 개정되었다.

그러나 미국 식품의약국은 신뢰할 만한 증거를 더 많이 얻기 위해 플라시보를 사용하는 임상시험을 좀 더 확대 허용해야 한다고 주장했다. 그래서 식품의약국은 플라시보에 대한 국제 임상시험 기준에 반대했다. 2008년, 식품의약국은 해외에서 시행하는 미국의 임상시험은 헬싱키 선언을 따르지 않기로 결정했다. 예컨대 두통 같은 가벼운 질병일 때는 피험자에게 심각한 해를 끼치지 않기 때문에 플라시보 사용을 허용할 수 있다. 그러나 심장병 환자에게는 플라시보를 사용할 수 없다.

하지만 식품의약국의 결정은 치료 기준에 대한 세계적인 합의를 희망하는 헬싱키 선언 지지자들로부터 반대와 논쟁을 일으켰다.

나이지리아의 트로반 실험

의학에서 휴머니즘의 위기는 개발 도상국 사람들을 착취하는 데까지 이른다. 예컨대 나이지리아의 카노에서 세균성 뇌수막염이 발생하자, 1996년 화이자 제약회사는 뇌수막염에 걸린 어린이 200명에게 트로반(트로바플록사신)이라는 신약을 시험하기로 한다. 그리하여 어린이 100명에게는 신약 트로반을 투약하고, 나머지 100명에게는 이미 뇌수막염 치료제로 쓰이던 항생제 세프트리악손을 투약했다.

이때 화이자 제약회사는 아이들은 물론이고 부모들에게도 동의를 구하지 않았다. 아이의 부모들은 일반 항생제를 처방받았다고 생각했

나이지리아 카노에 사는 11세 소녀 피르다우시 마다키(엄마와 함께 매트 위에 앉아 있는 소녀)는 1996년 화이자 제약회사의 트로반 임상시험에 참가하게 되었다. 피르다우시는 투약한 약 때문에 저산소성 뇌 손상과 지체 장애로 고통 받았다. 이 임상시험으로 소송을 당한 화이자 제약회사는 피해자 가족에게 보상을 하기로 합의했다. 하지만 트로반이 신체장애와 사망의 직접적인 원인이라고는 절대 인정하지 않았다.

다. 트로반을 복용한 아이 5명이 사망했고, 많은 아이들이 실명과 마비, 뇌 손상 등의 부작용을 보였다. 그런데 세프트리악손을 복용한 아이들도 6명이 사망했으며 심각한 부작용을 보였다.

아이의 부모들은 미국 화이자 제약회사에 소송을 제기했다. 나이지리아 정부도 나이지리아 화이자 제약회사에 법적 조치를 취했다. 그러나 아이들의 병원 기록이 사라지면서 재판은 쉽지 않아졌다. 나이지리아 정부의 조사 보고서는 감쪽같이 사라졌다.

2006년 언론이 나이지리아 정부의 조사 보고서를 찾아냈다. 이 보고서에는 화이자 제약회사의 끔찍한 윤리 위반 사항이 상세하게 기록되어 있었다. 화이자 제약회사는 신약인 트로반이 더 좋은 약처럼 보이게 하기 위해 기존의 항생제로 쓰이던 세프트리악손을 지정된 복용량보다 더 적게 투약한 것이다. 또 위독한 아이들을 구하려면 세프트리악손의 양을 늘리든지, 아니면 트로반 투약을 중단하고 세프트리악손을 투약해야 하는데 그러한 조치를 전혀 취하지 않았다. 게다가 화이자 제약회사 연구원들은 연구의 정당성을 확보하기 위해 나이지리아 윤리위원회의 허가 서류를 위조하기까지 했다.

트로반 임상시험의 피해자들은 13년 만에 보상을 받았다. 화이자 제약회사는 피해자들의 위탁을 받은 카노의 건강 보험·뇌수막염 위탁 펀드에 7500만 달러를 지불하기로 합의했다. 화이자 제약회사는 2011년 나이지리아와 남은 소송을 타결했다.

과테말라의 비극

2010년 10월, 미국 공중보건국의 의사들이 과테말라에서 저지른 끔찍한 임상시험이 세상에 알려졌다. 이 임상시험의 진상을 밝힌 사람은 매사추세츠 주 웰슬리단과대학의 역사학과 교수인 수전 M. 리버비였다. 리버비 교수는 1946년부터 1948년까지 공중보건국의 의사들이 과테말라의 군인과 수감자, 매춘부, 정신 질환자 1300명에게 성병인 매독, 임질, 무른궤양을 감염시켰다고 폭로했다. 게다가 고아뿐만 아니라 사회적 취약계층 5000명에게 성병 검사를 실시했다. 이 연구의 주요 목적은 성관계 직후 페니실린을 투약하는 것이 성병을 예방하는 데 효과가 있는지 알아보는 것이었다. 과테말라의 보건 공무원들은 자국의 법에 따르면 불법임에도 불구하고 이 연구에 협조했다. 이후 그들은 이에 대해 과테말라의 낙후된 의료 환경을 개선하고 미국의 과학자로부터 배우기 위해서였다고 변명했다.

처음에는 성병 감염자를 구하기 위해 매독과 임질에 걸린 매춘 여성들에게 수감자 및 군인과 성관계를 갖게 했다. 그럼에도 감염자 수가 충분하지 않자 다른 대책을 찾기 시작했다. 수감자와 군인들 척추에 병균에 감염된 용액을 접종하거나 음경과 요도에 용액을 문질러 감염시킨 것이다. 정신 질환자들도 임상시험의 피험자가 되었다. 연구자들은 성병에 걸린 대상자 대부분을 치료해 주었다고 주장했다. 하지만 보고서에 따르면 소수의 피험자들만 제대로 치료를 받았을 뿐 대부분 치료를 받지 못했다고 되어 있다.

연구자들은 피험자들에게 임상시험의 내용을 전혀 알리지 않았고 사전 동의를 구하지도 않았다. 이 실험을 책임지고 이끌었던 공중보건국의 존 C. 커틀러 박사는 터스키기 매독 연구에서도 주도적인 역할을 했다. 커틀러 박사의 연구를 돕기 위해 과테말라 공공보건 공무원 후앙 푸네스가 매춘 여성들을 데려온 사실도 밝혀졌다.

진상을 알게 된 대중의 여론이 들끓자 버락 오바마 대통령은 과테말라 대통령에게 전화를 걸어 사과했다. 힐러리 클린턴 국무장관과 캐슬린 시벨리우스 보건장관도 공동 사과문을 발표했다.

오바마 대통령은 생명 윤리 자문위원회로 하여금 과테말라의 사례를 조사하라고 지시했다. 자문위원회의 최종 보고서는 과테말라 임상시험은 인체 실험 윤리의 관점뿐만 아니라 연구자 자신의 윤리 실천과 요구에 대한 이해에도 어긋났다고 했다. 위원회는 미국과 외국의 피험자를 보호하는 방법을 검토했다. 또 외국에서의 치료 기준에 대한 심도 깊은 연구를 요구했다.

생명 윤리 자문위원회는 적어도 연방의 지원을 받는 연구라면 인간 피험자의 인권을 보호해야 한다고 주장하면서 14개 조항을 개정했다. 피해자들에 대한 보상 체계를 권고사항으로 요구하고, 연방 지원 연구에 참가한 사람들의 피해와 손상에 대한 자료 수집을 포함하여 더 강력한 감시를 권고했다.

현재 미국과 외국의 피험자의 안전에 관한 많은 문제들이 해결될 수 있도록 일반 규칙 개정에도 박차를 가하고 있다.

생체 표본은 누구의 것일까?

최첨단 의학 발전의 결과로 인간 피험자는 경쟁에 내몰리고 있다. 21세기에 들어 연구원들은 살아 있는 사람뿐만 아니라 조직, 혈액, DNA, 줄기세포 같은 생체 표본으로도 임상시험을 시행할 수 있다. 생체 표본에는 부모로부터 아이에게 전달되는 유전자가 들어 있다.

연구자들은 언제나 질병을 진단하고 예방할 수 있는 새로운 방법을 찾고 싶어 한다. 이제 생체 표본을 연구하여 어떤 유전자가 어떤 질병을 유발하는지 알 수 있게 되었다. 새로운 유전자 치료법을 개발하고 개인의 유전자 구성에 맞춘 치료법을 만들 수 있다. 이러한 새로운 과학을 '재생의학'이라 한다.

전국의 종합병원과 전문병원들은 매일 외과 수술과 진료를 통해 수천 개의 혈액과 피부 조직을 수집한다. 많은 사람들이 생각하는 것과 달리 이러한 표본은 폐기되지 않는다. 실험실과 병원, 그리고 생체 은행이라고 하는 연구시설에 보관된다. 미 국립보건원과 미 연방수사국처럼 미 육군도 표본을 보관한다.

연구를 위한 표본 판매는 큰 사업이다. 1999년에 출간된 보고서에 따르면, 미국 생체 은행은 1억 7800만 명에게서 채취한 조직 표본 3억 700만 개를 보유하고 있다고 한다. 의학 연구를 위한 이러한 표본의 사용은 사생활 보호와 사전 동의, 경제적 이익과 관련된 윤리적 문제를 제기한다. 최첨단 연구와 새로운 기술로 새로운 생체 실험이 가능해졌지만, 그에 대한 법적·윤리적 지침은 아직 마련되지 않고 있다.

누군가 여러분의 DNA와 혈액 표본을 가지고 있다고 생각해 보자. 연구소는 이를 사용하고자 할 때 사용 동의를 얻으려 할 것이다. 기업은 당신의 표본으로 얻은 의학적 발견으로 이익을 얻어도 될까? 그렇다면 개인의 사생활은 어떻게 보호받을 수 있을까?

임상시험 참가자와 달리 생체 표본 제공자들은 신체적 손상에 대한 위험을 감수할 필요가 없다. 하지만 이 분야에서는 연구자가 제공자 본인의 동의 없이 개인 정보를 계속 보유하거나 원치 않는 연구에 사용할 수 있는 위험성이 있다.

내 세포가 전 세계에 팔리고 있다고?

1950년대에 메릴랜드 주 볼티모어에 위치한 존스 홉킨스 병원의 의사들이 한 여성의 자궁경관에서 암세포를 채취했다. 헨리에타 랙스라고 알려진 이 여성과 관련된 사건은 비윤리적인 생체 표본 채취의 고전적 사례가 되었다. 헨리에타 랙스는 급성 자궁경부암에 걸린 가난한 흑인 여성이었다. 의사들은 랙스의 암세포 연구에 대해 본인에게 동의를 구하지 않았다. 랙스의 암세포는 급속도로 증식했다. 연구자들은 세계 각국의 암 연구자들에게 증식된 랙스의 암세포를 보냈다. 곧 '마이크로바이올로지컬 어소시에이츠(Microbiological Associates)라는 기관이 커다란 이윤을 남기고 랙스의 세포를 과학자들에게 팔기 시작했다.

이 여성의 머리글자를 따서 '헬라'라고 불리는 이 세포는 암 연구뿐

1951년 존스 홉킨스 병원이 자궁경부암 치료를 받던 헨리에타 랙스의 자궁 경부에서 채취한 암세포는 최초의 인간 세포주가 되었다. '헬라'라는 이 암세포는 빠르고 무한하게 증식했다. 그 결과 이 암세포는 오늘날의 암 연구에도 여전히 사용되고 있다. 그러나 랙스는 사전 동의는커녕 암세포 연구에 대한 그 어떤 설명도 듣지 못했고 경제적 보상도 받지 못했다.

아니라 조나스 솔크라는 의사의 소아마비 백신 개발과 방사능 실험에도 이용되었다. 게다가 무중력 상태에서의 세포 반응을 관찰하기 위해 우주에도 보내졌다. 기업은 이 세포로 엄청난 이득을 얻었지만, 랙스 본인은 물론이고 가족에게도 이 사실을 알리지 않았다.

하바수파이족 속이기

21세기인 지금도 이런 일들이 여전히 벌어지고 있을까? 연방법은 사전에 허락 없이 무단으로 사람의 몸에서 표본을 채취하는 행위를 일절 금지하고 있다. 그러나 우리가 우리 몸에서 채취된 표본에 대해 소유권과 사용을 통제할 권리를 가지느냐 하는 것은 쉽지 않은 문제이다. 여기에 대해 미국의 법은 아니라고 말한다. 예를 들어 여러분이 혈액 검사에 동의하면 생체 은행은 법적으로 채취된 혈액 표본을 보관하고 판매할 권리를 갖는다.

그럼 연구자들은 어떤가? 연구자들이 여러분의 유전자와 DNA를 가지고 하고 싶은 대로 할 수 있을까? 그 답은 동의서에 어떻게 쓰여 있느냐에 따라 다르다. 이 문제는 여전히 정해진 기준이 없다.

이 문제를 잘 보여 준 실험이 미국의 소수 원주민 부족과 관련된 연구이다. 1990년대 애리조나주립대학의 연구원들은 그랜드캐니언 협곡에 거주하는 하바수파이 부족 180명에게서 혈액 표본을 채취했다. 하바수파이 부족의 당뇨 발병률과 유전자의 관계를 연구하기 위해서였다. 당뇨병 환자가 왜 이렇게 많은지 알고 싶었던 부족민들은 연구에 기꺼이 동의했다.

하지만 연구자들은 부족과 당뇨병의 유전적 연관을 찾아내지 못했다. 게다가 부족민들에게 설명한 내용과는 다른 목적을 위해 혈액 표본을 이용했다. 연구자들은 그 부족이 어디에서 왔는지, 그리고 어떻게 그랜드캐니언에 정착하게 되었는지를 연구한 다음 정신분열증과 유전적 연관성을 찾기 위해 이 혈액 표본을 이용했다.

이 사실을 알게 된 부족민들은 모멸감을 느끼고 분개했다. 연구의 결론은 하바수파이 부족은 아시아에서 기원했다는 것이었다. 이는 그랜드캐니언에서 기원했다는 부족의 오랜 종교적 신념을 뒤집었다. 또한 부족민들은 자신들을 정신병과 연관시킨 연구에 대해서도 모욕감을 느꼈다. 2010년 4월 애리조나주립대학은 부족민 41명에게 손해를 배상하고 병원 건립과 장학재단 설립, 혈액 표본 반환을 약속했다.

생체 표본과 사전 동의

몇몇 조직이 생체 표본 연구의 윤리에 대해 기본 지침을 발표했지만, 일반 규칙은 아직 이 문제를 다루지 않고 있다. 하지만 많은 사람들이 모든 생체 표본을 사용할 때마다 동의가 전제되어야 한다고 생각한다. 개인적으로 원하지 않는 연구에 자신의 생체 표본이 사용될 수도 있기 때문이다. 또한 보험 회사 같은 제3자가 유전 정보에 접근할 수 없도록 개인 신상 정보를 보호받아야 한다. 보험 회사가 특정 질병의 유전적 연관성을 알게 된다면 보험 가입을 거부할지도 모르기 때문이다.

연구자들은 생체 표본 연구와 관련하여 사전 동의를 받는 것은 사실 그렇게 쉬운 일이 아니라고 주장한다. 많은 경우 생체 표본의 출처가 확인되지 않거나 이미 사망한 경우도 있다. 어떤 것은 추가적인 허가를 거부하기도 한다.

해결책을 제시하자면 장기 기증에 필요한 일반화된 동의서를 사용하는 것이다. 이식을 위해 장기를 기증하는 사람들은 대개 장기와 조직을 대가 없이 제공하며 모든 연구 목적에 동의한다.

또 다른 해결책은 익명성을 보장하는 것이다. 많은 사람들이 표본이 누구의 것인지 모르는 한 자신의 조직이 무엇을 위해 사용되든지 상관하지 않는다. 일반 규칙의 개정과 관련하여 인권 보호국은 신상 정보가 완전히 제거된 생체 표본을 연구 목적으로 사용한다는 동의서 작성을 추천한다. 그러나 개인의 신상 정보가 자주 유출되는 인터넷 시대에 익명성이란 실현되기 어려운 약속이다.

줄기세포 연구 논쟁

줄기세포 연구는 최근 가장 논쟁이 뜨거운 분야이다. 줄기세포 연구란 수정 후 며칠밖에 되지 않은 인간 배아를 배양하는 것이다. 이와 관련해서 상반된 도덕적 원칙이 충돌한다. 줄기세포 연구로 불치병을 치료할 수 있다는 전망과 인간이 될 가능성을 지닌 배아를 실험에 이용해도 괜찮을까 하는 문제이다.

인간의 세포는 대부분 분화되어 있다. 그래서 피부 세포나 간세포처럼 특정 세포로만 발전한다. 그러나 난자와 정자가 결합하여 배아를 형성할 때 세포는 아직 특정한 세포로 분화 과정을 거치지 않은 미분화 상태이다. 이 초기 단계의 세포는 우리 몸에 있는 어떤 종류의 세포로도 발전할 가능성이 있다.

과학자들은 분화되지 않은 어린 세포, 즉 배아 줄기세포가 어떻게 발전하는지 연구하고 있다. 분화하기 전 이 세포들에게 적절한 조건을 갖춰주면 병을 일으키는 손상 세포를 재생하고 대체할 수 있는 세포를 만들수 있을 것이다. 이미 분화된 성체 줄기세포인 성인 줄기세포는 모든 조직으로는 분화될 수 없다. 성체 줄기세포로도 손상된 세포를 치유할 수 있지만 분화될 수 있는 기관과 조직이 제한적이다.

줄기세포는 또 다른 이점이 있다. 일단 줄기세포가 배양되면 세포는몇 달, 심지어 몇 년 동안 계속 자라서 연구에 유용한 줄기세포주가 될수 있다.

인간 배아로 줄기세포주를 배양한다는 것은 2일에서 5일 된 배아를파괴한다는 뜻이기 때문에 논쟁이 뜨겁다. 배아는 앞에서 말한 기간이되기 전에 뇌와 피부와 신경세포로 분화되어야 한다. 동시에 여성의 자궁안에서 태아가 되고 그다음 인간으로 발전한다.

배아를 잠재적 생명으로 생각하고 파괴되어서는 안 된다고 주장하는 사람들이 많다. 그러나 의학 발전을 위해 배아 줄기세포에 대한 연구

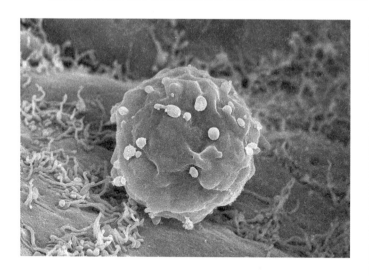

이것은 배아 줄기세포 덩어리를 주사 전자 현미경(SEM)으로 찍은 사진이다. 현재 인간 배아 줄기세포로 임상시험을 할 수 있는 기업은 미국에서는 '어드밴스드 셀 테크놀로지(advanced cell technology)'가 유일하다. 그러나 줄기세포 임상시험과 관련된 사전 동의는 문제가 복잡하여 아직 해결되지 않고 있다. 많은 경우 줄기세포 연구가 시작되기 몇 년 전에 동의서가 작성된다는 점, 전 세계의 생명공학 기업으로부터 받은 서류를 영어로 번역하는 과정에서 오류가 생길 수 있다는 점, 또한 특수한 줄기세포 임상시험보다는 일반적인 줄기세포 연구를 위한 동의서일 뿐이라는 점이 앞으로 해결해 나가야 할 문제들이다.

가 배아 파괴보다 훨씬 더 중요하다고 생각하는 사람들도 있다.

배아는 이미 미국 전역의 인공 수정 병원에 있다. 아기를 갖지 못하는 많은 부부들이 인공수정 병원을 찾는다. 그곳의 의사들은 여자의 난자를 체외에서 수정시키기 위해 남자의 정자를 채취한다. 이러한 과정을 거쳐 시험관에서 수정된 아기를 '시험관 아기'라고 부른다. 수정된 난자를 여자의 자궁에 착상시키면 임신이 시작된다.

흔히 임신 가능성을 높이기 위해 몇 개의 난자가 추가로 수정된다. 남은 잉여 배아는 보통 냉동되어 부부가 나중에 아이를 더 낳기를 원할 때를 대비해 보관된다. 하지만 대부분의 잉여 배아는 결국 파괴된다. 많은 부부가 줄기세포의 연구를 위해 자신들의 잉여 배아를 기증하기도 한다.

줄기세포 연구의 이점

줄기세포 임상시험은 윤리적으로 어려운 상황에 처해 있지만, 그럼에도 전 세계적으로 급속히 발전하고 있는 연구 분야이다.

일반 규칙에서 배아는 법적으로 '인간'이 아니라고 정의된다. 따라서 배아를 파괴하더라도 줄기세포 연구는 진행될 수 있다.

2009년 오바마 대통령은 새로운 배아 줄기세포 연구에 대한 연방의 재정 지원을 재개하기로 결정했다. 배아는 인공수정 병원에서만 만들어져야 했으며 부부의 동의하에 무상으로 기증되어야 했다. 배아 줄기세포 연구자들은 인간 육체의 발전 과정에 대한 이해를 통해 많은 불치병을 치료할 수 있으리라 예측한다. 배아 줄기세포 연구가 활성화되면 태아의 기형을 예방하고 소아당뇨나 파킨슨병, 뇌 질환 같은 유전적 질병을 치료할 수 있다는 것이다.

줄기세포 연구가 언젠가 더욱 안전하고 더욱 효과적인 이식을 위해 새로운 신체 기관을 기를 수 있는 길을 열어 줄지도 모른다. 또한 인간을 임상시험의 위험에 노출하기보다 '배양접시 속 병균(disease-in-a-dish)'으로 신약을 시험할 날이 올지도 모른다.

유전학적으로 완벽해지려는 욕심과 생명 윤리

줄기세포 연구가 다른 과학 기술들과 결합되면 사람들이 언젠가 유전적 특징을 선별하여 자신을 바꾸거나 강화하게 될 수도 있다. 자신을 바꾸거나 강화하는 방법은 이미 여러 가지가 존재한다. 예를 들어 운동선수는 체력을 강하게 만들고 더 빨리 달리기 위해 스테로이드를 복용한다. 외모를 바꾸거나 사고로 인한 손상을 개선하기 위해 성형수술을 하기도 한다. 기분장애를 치료하기 위해 항우울제를 복용하는 사람도 있다. 유전자 조작을 통한 유전적 개량은 이와 어떻게 다를까?

개인이 자신을 더 멋지게 변화시키기 위해 어떤 것을 선택하면 그것은 본인에게만 영향을 준다. 그러나 부모가 태아의 눈 색깔을 바꾸거나 더 똑똑하고 예술적인 아이를 선택할 수 있다면 그들의 결정은 다음 세대의 유전적 특징을 바꿀 것이다. 이런 '맞춤 아기' 개념은 많은 사람들에게 우생학이나 나치가 꿈꾼 완벽한 인종이라는 오싹한 기억을 되살린다. 그러나 태아의 기형을 예방하기 위해서라면 유전학적 강화에 대한 반론이 잦아든다. 사회는 어디에 선을 그어야 할까?

유전학적 개량은 조심스럽게 접근되어야 한다. 그렇지만 과학적·기술적 혁신이 인간의 삶의 질을 향상시킨다는 것 또한 분명하다. 이를테면 인공 안구 기술은 맹인의 시력을 되찾아 줄 수 있다. 그리고 줄기세포가 미래에 손상된 세포를 치료할 수 있다면 인간의 수명을 늘릴 수도 있을 것이다.

유전학적 강화에 대한 윤리적·법적 문제는 여전히 논쟁이 뜨겁다. 우리는 자신의 육체에 대한 개인의 권리와 유전학적 강화가 인간의 생명에 제기하는 위험성 사이에서 어렵지만 균형을 잡아야 한다.

인간을 위한 과학의 길 찾기

이 책에서 말한 많은 실험들은 도덕적으로 정당하지 않았다. 우리가 소중히 여기는 인간의 존엄성, 개인의 신상 보호, 선택의 자유 같은 개인의 자유를 침해했다. 새로운 백신을 개발하기 위해 돌봐 줄 부모가 없는 어린 고아를 이용하기도 했다. 흑인 노예들을 고통스러운 수술로 내몰기도 했다. 수감자에게는 독성이 있는 산으로 생긴 흉터를 평생 안고 살아가게 했다.

제2차 세계대전 당시 나치의 의사들은 인명의 소중함을 무시한 채 강제 수용소에 갇힌 사람들에게 비인간적인 인체 실험을 실시했다. 국가를 위해 생명의 위험을 무릅쓴 미군들은 방사선 노출로 인해 암에 걸렸고 이와 같은 사람이 미국에서 수천 명에 이르렀다. 노인, 정신 질환자들, 가난한 사람들, 교육받지 못한 사람들, 병에 걸린 사람들 또한 고통을 받았다.

우리는 이러한 사례들을 통해 배워야 한다. 목적이 수단을 정당화할 때 무슨 일이 벌어지는지 깨달아야 한다. 다시는 이러한 일들이 반복되지 않도록 행동해야 한다. 사람은 실수를 통해 배울 수 있고 또 배워야 한다.

21세기에 연방법은 임상시험에 등록된 사람들을 보호하기 위하여 제 기능을 해야 한다. 법은 엄격하게 적용해야 하며 착오가 발생할 때에는 보완해야 한다. 연구는 가능한 한 위험을 최소화할 수 있도록 철저하게 계획해야 한다. 잠재적인 위험은 혜택과 비교할 때 합리적이어야 하고 항상 참가자들의 사전 동의를 구해야 한다.

그러나 오늘날의 개선된 연구 환경에서도 보호를 받지 못하는 사각지대가 아직 남아 있다. 의학 연구는 이제 수십억 달러의 이윤이 달린 거대 사업이 되었다. 새로운 약들이 너무나 빨리 임상시험의 장으로 나오고 있다. 임상시험 심사위원회는 충분한 감시를 하지 못하고, 연구자들은 경제적으로 후원자에게 얽매인다. 사실상 사전 동의가 공허한 약속이 될 수 있다. 사전 동의는 모호하고 연구자들은 연구의 위험과 혜택에 대한 진실을 감춘다.

우리는 무엇을 해야 할까? 미 보건부 산하 인간 피험자 보호국(OHRP)은 일반 규칙의 개정을 연구하고 있다. 새로운 규칙은 임상시험에 참가하는 더 많은 사람들이 보호받을 수 있도록 개정해야 한다. 임상시험 심사위원회를 개선하고, 자료수집 중앙관리 체계를 정비하고, 폭발적으로 증가하는 유전자 연구를 더 효율적으로 관리해야만 한다.

연구의 윤리성은 결국 연구를 시행하는 사람들 손에 달려 있다. 규칙의 개정은 이를 실천하는 사람들에게만 효력이 있다. 그리고 사회는 연구자에게 적절한 배려의 수준을 결정해야 한다. 언제까지 조작하기 쉽고 속이기 쉬운 가난한 사람들과 약자들을 상대로 임상시험을 계속할 것인가? 누군가에게 우리를 대신해서 위험의 부담을 짊어지워도 되는 것일까?

의학 임상 연구 윤리는 우리 사회의 도덕 수준을 다시금 생각하게 한다. 우리의 도덕 수준은 약자들을 대하는 태도에 의해 결정된다. 과학발전은 중요하다. 사회는 엄청난 의학적 발견과 치료법 덕에 많은 혜택을 입고 있다. 다른 사람의 생명을 구하기 위해 누군가 피해를 입는 것은 불가피할 수 있다. 그렇지만 의학 연구는 어떤 경우라도 생명 존중과 혜택과 정의라는 필요조건을 충족시켜야 한다. 사회의 요구와 개인의 권리가 대립할 때 우리는 공정한 잣대를 적용해야 한다. 이러한 결정이 우리를 사람다운 사람으로 거듭나게 할 것이다.

부록

어떻게 생각해?

이 책은 연구자, 의사를 비롯한 의료진, 정부 관리 들이 저지른 비윤리적이고 비도덕적인 의료 행위를 밝히는 것을 주 목적으로 했다. 인체 실험을 진행한 대부분의 사람들은 자신이 과학 연구와 의학 기술 발전을 위한 일을 하고 있다고 생각했다. 그중에는 간혹 실험 대상자들에게 심각한 고통을 주었거나 불법적인 실험을 했음을 인정한 사람들도 있었다. 그럼에도 그들은 동료 인간에게 가해진 위험과 피해를 감수할 만큼 가치가 있고 고귀한 실험이었다고 생각했다. 많은 실험 대상자들이 자신에게 닥칠지도 모르는 위험을 알지 못한 채 임상시험에 참가했다. 또 그들은 실험을 하기 전에 동의를 해준 적도 없었고 실험에 대한 설명도 듣지 못했다.

친구들과 함께 다음 질문에 대해 생각해 보고 답을 해보자. 이것들은 여러분이 이 책에서 읽은 내용과 모두 연관되어 있다. 함께 토론하고 각자 생각나는 답을 적어보자. 문제에 대해 찬성할 수도 있고 반대할 수도 있을 것이다. 그 이유를 다시 토론해 본 후 활동을 마무리하자. 질문에 대한 답을 쓰는 것이 쉬운가, 어려운가? 여러분이 속한 모둠은 다음 문제에 관해 찬성하는가, 반대하는가? 그 이유는 무엇인가? 이 활동을 하면서 과거 세대가 직면했던 문제에 얼마나 공감하는가? 21세기의 연구자와 실험 대상자가 고민하는 문제는 이전 세대의 문제와 얼마나 비슷한가?

1장 인간 기니피그

18~20세기 초에 의술을 펼쳤던 의사들을 오늘날의 윤리 기준으로 평가할 수 있을까? 평가할 수 없다고 말하는 사람들이 있다. 오늘날 윤리 의식이 더 발전하였고, 옳고 그름에 대한 생각이 과거와 현재가 다르기 때문에 오늘날의 기준으로 과거를 평가하기 어렵다는 것이다. 하지만 공식적인 법이 없던 과거에도 인권을 침해하는 임상시험을 금지하고 윤리 기준을 따라야 한다고 주장하는 사람들이 있었다. 여러분은 어떻게 생각하는가? 실험 대상자가 노예나 어린아이, 사형선고를 받은 사람처럼 자신의 삶을 통제하지 못하는 사람이라면 여러분의 대답은 달라지는가? 치료법이 없는 환자에 대한 인체 실험은 어떤가? 여러분은 당시에 의학에 대한 지식이 부족한 것이 임상시험에 대한 완화된 윤리적 기준을 정당화한다고 생각하는가?

2장 죽음의 수용소에서

인류을 저버린 인체 실험에 대한 나치 의사들의 변명을 읽은 후, 그들의

비판적으로 책 읽기

행동이 정당화될 수 없다고 생각했다면 그 이유는 무엇인가?

3장 전쟁이라는 이름으로

1. 전쟁 중에는 많은 사람들이 인체 실험이 시행되어야 한다고 생각한다. 여러분은 국가 안보를 위해서라면 어떠한 인체 실험이라도 정당화될 수 있다고 생각하는가? 전쟁 중의 인체 실험은 비밀을 유지해야 하는가, 아니면 대중에게 공개해야 하는가? 국가 안보와 관련된 실험에서 비밀은 의사의 판단에 어떤 영향을 미칠 수 있을까?

2. 군인은 목숨을 바칠 각오를 해야 한다. 여러분은 이러한 희생에 위험한 인체 실험도 포함된다고 생각하는가? 네바다 실험장에서의 훈련처럼 군사훈련은 언제 개인 생활을 침해하는가?

4장 태도의 변화

여러분은 왜 흑인 의사들이 터스키기 매독 실험에 항의하지 않았다고 생각하는가? 노예의 역사가 이 연구에 영향을 끼쳤을까? 21세기를 사는 아프리카계 미국인 중 많은 사람들이 의사를 완전히 신뢰하지 않는 이유가 무엇이라고 생각하는가?

5장 인간을 위한 과학의 길

1. 제약회사와 학술 기관은 새로운 치료와 의료 기구의 개발을 목적으로 한다. 그래서 중요한 실험을 지원한다. 경제적인 이득도 무관하지 않

다. 안전하고 윤리적인 연구를 해야 하는 연구자들의 책임 윤리와 경제적 지원과 보상 사이에서 어떻게 저울의 균형을 이룰 수 있을까?

2. 일반 규칙에서 정의의 원칙은 실험 대상자를 성별과 인종과 민족, 경제 수준, 교육 수준에 차별을 두지 않고 다양하게 선별해야 한다고 규정한다. 보상이 인체 실험의 정의에 대한 관념을 고취할 수 있을까? 다양한 실험 대상자를 모집할 다른 방법은 없을까?

3. 개발 도상국의 실험 대상자에게 혜택을 제공하여 가난한 사람들을 착취하는 것을 피할 수 있다면 어떤 혜택을 제공하겠는가? 어떤 사람은 연구에 참가하는 동안 실험 대상자에게 무료 진료를 제공하는 것으로 충분하다고 생각한다. 그러나 실험이 성공한다면 제약회사는 그 약을 사회에 제공해야 한다고 주장하는 사람들도 있다. 기업이 자원자의 공동체에 혜택을 되돌려 줄 다른 방법은 없을까?

4. 과학자들은 DNA를 수집하고 인간 게놈 지도를 그리고 있다. 그리고 결과를 웹사이트에 올려 전 세계의 과학자뿐 아니라 모든 사람이 볼 수 있게 한다. 연구자들은 지식이 쌓일수록 연구와 치료가 더 빨라질 것이라고 말한다. 언젠가는 여러분의 게놈 지도가 여러분과 심각한 질병에 걸린 다른 사람들을 치료하는 데 도움이 될 수도 있다. 그렇다면 여러분은 다른 사람에게 자신의 정보를 어느 정도까지 공개할 의향이 있는가? 만일 여러분이 치료법이 없는 고위험군 질병에 걸렸다면 그것을 알기 원하는가, 아니면 원하지 않는가?

5. 만일 어떤 연구자가 오래전에 여러분의 의사가 여러분에게서 채집한

비판적으로 책 읽기

조직 표본에서 여러분의 건강에 영향을 끼칠 만한 중요한 정보를 알게 되었다고 가정해 보자. 여러분은 그 연구자가 여러분에게 그 정보를 알릴 의무가 있다고 생각하는가? 또한 여러분의 다른 가족에게 알릴 의무가 있다고 생각하는가?

일본 731부대에서는 무슨 일이 있었을까

제2차 세계대전이 끝나고 50여 년이 흐른 어느 날, 일본의 한 대학교에서 자신들을 전(前) 731부대원이라고 소개한 4명의 남자가 어두운 표정으로 힘겹게 입을 열었다.

"저는 오가사하라 아키라입니다. 731부대에 소속되어 있었지요. 부대 표본실에서 처음 목격한 것은 15~20명 정도의 인간의 머리였습니다."

"전 가마다 노부오입니다. 731부대에서 페스트균을 배양했지요. 치사율이 높고 전염성이 강한 균을 배양하는 것이 731부대의 세균 연구 목표였습니다."

"제 이름은 쓰루타 가네도시입니다. 731부대에서 유행성 전염병을 퍼뜨릴 이와 벼룩을 배양했습니다. 저는 731부대에서 페스트에 감염되어 죽은 중국인들의 머리를 봤습니다. 또 파란 병에 천연두 바이러스에 감염된 어린 소년의 몸이 담겨 있는 것도 봤습니다."

157

믿을 수 없을 만큼 잔인하고 끔찍한 이 이야기는 제2차 세계대전 당시 중국 헤이룽장성(黑龍江省) 하얼빈에 위치한 731부대에서 실제로 벌어진 일이다.

이시이 시로와 731부대

살아 있는 사람을 대상으로 화학전과 세균전 연구 및 각종 생체 실험을 자행한 731부대는 누가, 그리고 왜 만든 것일까? 그 시작은 1920년대 말로 거슬러 올라간다.

교토제국대학 의예과를 졸업한 이시이 시로는 1928년, 대사관부 육군 무관의 자격으로 2년 동안 영국, 프랑스, 독일, 이탈리아 같은 유럽의 강대국들을 돌아보게 된다. 이후 일본으로 돌아온 그는 일본 군부에게 유럽의 강대국들은 모두 비밀리에 세균전을 준비하고 있다는 사실을 전하면서, 자원이 부족한 일본 역시 값싸고 강력한 세균 무기를 하루빨리 개발해야 한다고 주장했다. 일본 군부는 이시이 시로를 필두로 세균전을 준비하기 시작한다.

1931년, 일본은 그동안 대륙 침략을 위해 눈독을 들였던 만주를 침략했다. 드넓은 만주는 비밀리에 세균전 실험을 하기에 적절한 장소였다. 이시이 시로는 1933년, 중국 국민을 위한 방역 활동을 한다는 이유를 내세우며 하얼빈에 이시이 시로 방역 연구소를 설립하고 본격적으로 세균전을 준비했다. 이시이 시로 방역 연구소는 1936년, 조직 은폐를 위해 관동군 방역급수부대로 이름을 바꿨다가 1941년 731부대로 확대 개편한다. 이곳에서 일본은 동물 실험, 식물 실험, 인체 실험 등 세균 전쟁에 필요한 각종 실험들을 기획하고, 실행했다.

통나무들의 무덤

당시 일본 헌병대는 일본에 대항해서 반일 운동을 한 사람들을 간첩 또는 사상범으로 분류하여 특별수송을 했다. 특별수송된 사람들은 731부대로 보내졌는데, 이들은 '마루타'로 불리며 온갖 잔인한 실험 재료로 쓰이게 된다. 마루타는 '통나무'를 뜻하는 일본어로, 일본군이 731부대의 진짜 목적을 감추기 위해 지역 당국에 이 시설을 목재소라고 둘러대자 한 부대원이 농담 삼아 실험 대상자들을 통나무라고 부른 것에서 유래했다고 한다.

731부대의 인체 실험은 국적, 민족, 성별, 연령을 가리지 않고 진행되었다. 중국인, 한국인, 몽골인, 소련인뿐만 아니라 네덜란드인, 미국인, 영국인도 실험 대상자가 되었다. 그리고 성인 남녀와 노인, 아이들과 임신부, 3세 영아까지 실험에 동원되었다. 지금까지 알려진 것에 따르면 731부대에서 희생된 사람은 약 3000여 명 정도라고 한다.

731부대로 끌려간 마루타는 가슴에 죄수 번호를 붙이고, 나이·출생지·성별·사상·죄명 등이 적힌 기록 카드에 몸무게·키·혈액형·맥박 수·적혈구 수·백혈구 수·대소변 검사 결과 같은 기본 사항을 써두었다. 연

또 하나의 부끄러운 역사

구원들은 이 카드를 보고 실험 재료에 적합하다고 생각하는 마루타를 뽑았다.

인체 실험은 특수동이라고 불린 7동과 8동에서 이루어졌다. 이곳에서는 하루 평균 2~3명의 마루타가 산 채로 해부되었는데, 731부대의 군의관들은 마취제가 실험 결과에 영향을 미칠지도 모른다고 생각해서 마취도 하지 않은 채 인체를 실험하고 해부했다. 이후 사망한 시신은 흔적을 남기지 않기 위해 모두 소각했다.

믿을 수 없는 실험들

731부대에서는 31가지 정도의 다양한 인체 실험이 이루어졌다. 일본 의사들은 우선 나치 의사들이 자행했던 동상 실험과 감압 실험을 하며 인간에게 일어나는 신체적 변화와 그들이 어떻게 죽어 가는지를 자세히 관찰했다. 또 인간이 음식과 물을 먹지 않고 얼마나 버틸 수 있는지를 알아보는 실험, 얼마나 많은 피를 흘려야 죽음에 이르는지를 확인하는 실험, 사람을 죽게 하는 방사능의 양은 얼마인지 알아보는 실험, 독가스 실험, 체액 대용으로 쓰일 생리 식염수를 찾기 위해 사람 몸에 바닷물을 주입하는 실험, 사람의 몸에 말의 피를 주입하고 동물의 장기를 이식하는 실험, 살아 있는 사람을 대형 원심분리기에 매달아 죽을 때까지 고속으로 회전시키는 실험, 피부 표본을 얻기 위해 실험 대상의 피부를 살아 있는 상태에서 벗겨 내는 실험, 남자와 여자의 생식기를 절단하여 각각 상

중국 지린성 기록 보관소가 공개한 일제 생체 실험 사진. 방역복을 입은 731부대원 2명이 5~6세 정도로 보이는 아이에게 무언가를 뿌려대자 아이가 고통스러워하고 있다.

또 하나의 **부끄러운 역사**

대방에게 이식하는 성전환 수술 실험, 성병 실험, 세균을 배양하여 인간의 몸에 주입시킨 후 경과를 살펴보는 실험 등 온갖 잔혹한 실험을 실시했다. 그리고 이 같은 실험을 진행한 후에는 결과를 확인하기 위해 실험 대상을 모두 살아 있는 상태에서 해부했다. 또 해부된 몸에서 꺼낸 장기는 포르말린 액이 든 병에 담아 진열실에 보관했다고 한다. 731부대가 자행한 일들을 살펴보다 보면 이들이 과학을 발전시키고자 실험을 한 것이 아니라 오로지 자신들의 호기심을 충족시키기 위해 실험을 한 것임을 알 수 있다.

이뿐만이 아니다. 이들은 세균전을 위해 세균 무기와 독가스탄을 만들어 민간에 살포했는데, 총 1600차례에 걸쳐 중국 일대에 살포된 독가스탄으로 인해 무려 57만 명의 희생자가 발생했다.

또 다른 731부대

더욱 놀라운 것은 이처럼 비윤리적인 실험들이 자행된 생체 실험 부대가 731부대만이 아니라는 사실이다. 100부대(창춘, 長春), 8604부대(광저우, 廣州), 1855부대(베이징, 北京), 1644 부대(난징, 南京), 516부대(치치하얼, 齊齊哈爾), 543부대(하이라얼, 海拉爾), 200부대(만주), 9420부대(싱가포르) 등 동아시아 각지에 세워진 부대들 역시 731부대와 비슷하거나 731부대의 생체 실험을 뒷받침하는 역할을 했다.

묻지 않은 범죄의 대가

끝나지 않을 것 같던 이들의 만행은 1945년 8월, 태평양 전쟁에서 일본군의 계속된 패배와 8월 8일 구 소련의 선전포고로 인해 전쟁의 패망을 예견함으로써 끝이 나게 된다. 731부대는 비밀리에 철수를 준비했다. 이시이 시로는 중요한 실험 자료만 일본으로 가져가고 나머지는 증거 인멸을 위해 모두 소각했다. 세균 연구실과 특별 감옥 등 731부대의 모든 건축물도 함께 폭파했다. 그리고 특수 감옥에 감금되어 있던 실험 대상자들은 독가스를 살포하여 모두 살해했다.

제2차 세계대전이 끝나고 일본의 세균 무기 연구와 생체 실험 문제로 재판이 열렸다. 모두가 이시이 시로를 비롯한 731부대는 악랄한 행위에 대한 대가를 받게 될 것이라고 생각했다. 하지만 재판 결과 이들은 대부분 죄를 묻지 않고 석방되었다. 왜 이런 일이 벌어진 것일까? 그것은 바로 731부대의 연구 자료들 때문이었다. 731부대는 오랜 시간 다양한 생체 실험을 한 끝에 수많은 연구 자료와 실험 노하우를 축적했다. 이 사실을 알게 된 미국은 이 자료들을 손에 넣고 싶어 했다. 731부대의 연구 자료만 얻게 된다면 세계 의학계를 좌지우지하고 눈부신 의학 발전과 수많은 이익을 얻을 수 있을 거라 생각했기 때문이다. 결국 미국은 731부대의 생체 실험 기록과 일본의 세균전 실험 자료 등을 넘겨받는 대가로 731부대 책임자들을 석방하게 된다.

2장에서 살펴본 것처럼 나치 의사들은 자신들이 저지른 비윤리적인 행위를 제대로 반성하지 않았다. 하지만 뉘른베르크 재판을 통해 부족하

또 하나의 부끄러운 역사

게나마 자신들이 저지른 죄에 대해 심판을 받았고, 그들의 행위를 함께 지켜본 사람들은 이 사건을 본보기 삼아 사람을 대상으로 한 실험을 진행할 때 지켜야 할 기본적인 약속인 뉘른베르크 강령을 제정했다. 하지만 일본은 자신들이 저지른 만행을 반성하고 성찰하는 시간을 갖지 못했다. 그들의 죄는 철저히 가려지고 숨겨졌다. 731부대의 주요 책임자들은 전후(戰後) 일본의 고위 관직에 올랐고, 일본 정계 및 의료계의 핵심 세력이 되었다. 그들은 731부대에서 얻은 생체 실험의 결과를 활용하며 호위호식했다. 반성하지 못한 역사는 또 다른 모습으로 세상에 검은 그림자를 드리웠다.

특히 731부대의 책임자 중 하나였던 기타노 마사지와 나이토 료이치는 731부대 공개 재판이 끝나고 얼마 지나지 않은 한국전쟁 때, 전쟁으로 혈액이 부족해지자 일본에서 싼값에 거둬들인 혈액을 비싸게 되팔아 엄청난 이익을 얻게 된다. 이를 통해 경제적 부를 얻게 된 두 사람은 일본 최대 제약사인 녹십자를 세우고 이후 에이즈 약해 사건(혈우병 환자들이 오염된 혈액으로 만든 치료제 주사를 맞고 에이즈에 감염된 사건. 이 약으로 일본에서 1800여 명이 에이즈에 감염되었고, 그중 400여 명이 숨졌다.)의 주범이 된다.

이처럼 제대로 반성하지 못한 역사는 언제든 다시 그 무시무시한 얼굴을 들게 마련이다. 그렇기 때문에 우리는 이 불편한 역사를 똑똑히 지켜보고 성찰해야 한다. 인간들이 저지른 부끄러운 잘못을 반복하지 않기 위해 역사에서 배워야 한다.

과학자들은 우리에게 새로운 세상을 선물해 줬다. 하지만 우리는 과학자들의 업적을 인정하는 한편 그들에게 물어야 한다. 인류를 위해 만들어진 과학이 인간을 희생시키며 나아가도 되는 거냐고, 위대한 과학적 발견이 개인의 인권보다 더 중요하냐고 말이다. 이러한 성찰과 고민들은 우리가 자칫하면 잊기 쉬운, '진정으로 인류를 위한 과학의 길'을 알려 줄 것이다.

참고 자료

니시노 루미코 지음, 한국 번역 연구원 옮김, 《731부대 이야기》, 예림당, 1995.
독립기념관 지음, 《731 기억해야 할 역사 소중한 평화》, 독립기념관, 2013.
조슈아 퍼퍼·스티븐 시나 지음, 신예경 옮김, 《닥터 프랑켄슈타인》, 145~157쪽, 텍스트, 2013.

전재진, 〈하얼빈 731부대 현장을 찾아서 : 현대의학 장비로도 엄두 못 낼 인간 생체 실험 방식 31가지〉, 남북이 함께 하는 민족 21, 제18호, 2002년 9월.
미디어오늘, 〈하성봉의 중국이야기 19, 인간 사악함의 극한을 보여 준 '만주 731부대'〉(http://www.mediatoday.co.kr/news/articleView.html?idxno=101192)
KBS 일요스페셜, 〈731부대는 살아 있다 1, 2부〉, 1997년 5월 18, 25일자 방송.
MBC 서프라이즈, 〈나는 무죄로소이다〉, 2014년 2월 2일자 방송.

감사의 말

이 책을 쓰기 위해 연구하는 동안 귀한 시간을 내주고 도움을 주신 의학 윤리학자들에게 고마움을 전합니다. 뉴욕대학교 랑곤 의학센터의 집단 보건부 생명윤리분과 대표인 아서 캐플런 박사, 헤이스팅스 생명 윤리 연구소의 연구학자이자 〈임상시험 심사위원회: 윤리와 인간 대상 연구(IRB: Ethics & Human Research)〉 저널의 편집장인 캐런 J. 매시크 박사, 미국 보건복지부 산하 인간 피험자 보호국(OHRP) 국장인 제리 메니코프 의학 법학 박사가 바로 그들입니다.

아우슈비츠 강제 수용소의 쌍둥이 인체 실험에서 겪은 경험을 자세히 들려준 에바 모제스 코르에게 깊은 고마움을 느낍니다. 이 놀라운 여성의 이야기가 우리에게 과학이 윤리 원칙을 절대 내버리면 안 됨을 깨닫게 하기를 바랍니다.

또한 탁월한 지적 능력과 호기심으로, 제가 열의를 잃지 않고 이 책을 마칠 수 있도록 이끌어 준 편집자 도메니카 디 피아자에게 특히 고마움을 전합니다. 도움을 아끼지 않은 에이전트 브라이언 존슨에게도 감사드립니다.

항상 격려와 응원을 보내준 가족과 친구, 동료들에게도 고마움을 전합니다.

비키 오랜스키 위튼스타인

감사의 말

13쪽　Albert Leffingwell, *An Ethical Problem or Sidelights Upon Scientific Experimentation on Man and Animals*, 2d ed. (New York: C. P. Farrell, 1916), 324.

14쪽　San francisco Examiner, "Mercy Flight Brings Aussie Boy Here: Suffering From Rare Bone Ailment, He Seeks Treatment," April 16, 1946, 1, quoted in Advisory Committee on Human Radiation Experiments, Final Report, Chapter 5, no. 90, n.d., http://www.hss.energy.gov/healthsafety/ohre/roadmap/achre/chap5_2.html (February 13, 2013).

14쪽　Eileen Welsome, *The Plutonium Files: America's Secret Medical Experiments in the Cold War* (New York: Random House, 1999), 152.

14쪽　*New York Times*, "army and Red Cross Fly an Ill Australian Boy," April 17, 1946.

20쪽　Diana Belais, "Vivisection Animal and Human," *Cosmopolitan*, 1910, 270-71, http://books.google.com/books?id=cJDNAAAAMAAJ&printsec=frontcover#v=onepage&q&f=false (July 31, 2012).

21쪽　앞의 글, 271.

23쪽　Jay Katz, "The Consent Principle of the Nuremberg Code: Its Significance Then and Now," quoted in George J. Annas, and Michael A. Grodin, eds., *The Nazi*

Doctors and the Nuremberg Code: Human Rights in Human Experimentation (New York: Oxford University Press, 1992), 229.

25쪽 Thomas Percival, *Medical Ethics*, 1846, quoted in Stanley Joel Reiser, "Words as Scalpels: Transmitting Evidence in the Clinical Dialogue," *Annals of Internal Medicine*, 92, no. 6 (June 1980): 837.

26쪽 Sylvio Leblond, "The Life and Times of Alexis St-Martin," *Canadian Medical Association Journal*, 88 (June 15, 1963): 1206

29쪽 Harriet A. Washington, *Medical Apartheid: The Dark History of Medical Experimentation on Black Americans from Colonial Times to the Present* (New York: Random House, 2006), 66.

31쪽 Susan E. Lederer, *Subjected to Science: Human Experimentation in America before the Second World War* (Baltimore: Johns Hopkins University Press, 1995), 7.

31쪽 George Bernard Shaw, *The Quintessence of Ibsenism: Now Completed to the Death of Ibsen* (New York: Brentano, 1913), quoted in Jonathan D. Moreno, *The Body Politic: The Battle over Science in America* (New York: Bellevue Literary Press, 2011), 64.

35쪽 Vivisection Investigation League, *What Vivisection Invariably Leads To*, New York, n.d., quoted in Susan Eyrich Lederer, "Hideyo Noguchi's Luetin Experiment and the Antivivisectionists," Isis, 76, no. 1(March 1985): 36, citing.

35~37쪽 *American Medicine*, editorial comment, "Orphans and Dietetics," vol. 27 (August 1921): 396.

38쪽 Diana Belais, quoted in "A Recent Case of Human Experimentation," *Open Door*, November 1915, 4, quoted in Susan Lederer, *Subjected to Science*, 111.

42쪽 Eva Mozes Kor, "The Mengele Twins and Human Experimentation: A Personal Account," quoted in Annas and Grodin, *The Nazi Doctors*, 58.

43쪽 앞의 책, 53.

43쪽 앞의 책.

43쪽 앞의 책, 56.

54~55쪽   Elie Wiesel, "Foreword," in *The Nazi Doctors and the Nuremberg Code*, ix.

55쪽   Eva Mozes Kor, "The Mengele Twins and Human Experimentation," quoted in Annas and Grodin, *The Nazi Doctors*, 58.

60쪽   Hazel O'Leary, quoted in Welsome, *The Plutonium Files*, 7.

70쪽   Nathan Leopold, Life Plus 99 Years (Garden City, NY: Doubleday, 1958) quoted in Allen M. Hornblum, *Acres of Skin: Human Experiments at Holmesburg Prison* (New York: Routledge, 1998), 82.

72쪽   Alvin Shuster, *New York Times Magazine*, "Why Human 'Guinea Pigs' Volunteer," April 13, 1958, 62.

75쪽   Clemens Benda to [parent's name deleted], letter, May 28, 1953, in *Task Force, Research That Involved Residents of State-Operated Facilities*, B-23, quoted in Welsome, The Plutonium Files, 235.

78쪽   Dennis Domrzalski, "Sailor Spent Two Weeks on Contaminated Ship," *Albuquerque Times*, April 27, 1994, C-1, quoted in Welsome, *The Plutonium Files*, 175.

85쪽   Welsome, *The Plutonium Files*, 424.

86쪽   앞의 책, 425.

86쪽   U.S. Department of Energy, Office of Health, Safety, and Security, DOE *Openness: Human Radiation Experiments: Roadmap to the Project, Building Public Trust*, Appendix A, "Remarks By President William J. Clinton in Acceptance of Human Radiation Final Report," 2, 1995, http://www.hss.energy.gov/healthsafety/ohre/roadmap/whitehouse/appa.html (February 14, 2013).

86쪽   앞의 글, 3.

87쪽   Corydon Ireland, "U.S. Apology Hits Home," *Rochester Democrat & Chronicle*, December 17, 1996, 1, quoted in Welsome, *The Plutonium Files*, 474.

90쪽   Katz, "The Consent Principle," quoted in Annas and Grodin, *The Nazi Doctors*, 228.

91쪽 Al Zabala, quoted in Hornblum, *Acres of Skin*, 7.

92쪽 Hornblum, *Acres of Skin*, 233.

94쪽 Adolph Katz, "Prisoners Volunteer To Save Lives," *Philadelphia Bulletin*, February 27, 1966, quoted in Hornblum, *Acres of Skin*, 37.

95쪽 Johnnie Williams, quoted in Hornblum, *Acres of Skin*, 120.

96쪽 Ruth R. Faden, Susan E. Lederer, and Jonathan D. Moreno, "U.S. Medical Researchers, the Nuremberg Code: A Review of Findings of the Advisory Committee on Human Radiation Experiments," quoted in Ezekiel J. Emanuel, Robert A. Crouch, John D. Arras, Jonathan D. Moreno, and Christine Grady, eds., *Readings and Commentary: Ethical And Regulatory Aspects Of Clinical Research* (Baltimore: Johns Hopkins University Press, 2003), 7-8.

98쪽 Rebecca Skloot, *The Immortal Life of Henrietta Lacks* (New York: Random, 2010), 134.

102쪽 Tuskegee Syphilis Study Legacy Committee, quoted in Susan M. Reverby, ed., *Tuskegee's Truths: Rethinking the Tuskegee Syphilis Study* (Chapel Hill: University of North Carolina Press, 2000), 559.

105쪽 National Research Act, Pub. L. No. 93-348, July 12, (1974).

110쪽 Wiesel, "Foreword," ix.

118-119쪽 Jerry Menikoff, *What the Doctor Didn't Say: The Hidden Truth about Medical Research* (New York: Oxford Universy Press, 2006), 16.

118쪽 Karen J. Maschke, interview, July 25, 2012.

120~121쪽 Rick Weiss, "Death Points to Risks in Research, One Woman's Experience in Gene Therapy Trial Highlights Weaknesses in the Patient Safety Net," *Washington Post*, August 6, 2007, http:www.washingtonpost.com/wp-dyn/content/article/2007/08/05/AR2007080501636_pf.html (September 23, 2012).

120쪽 앞의 글.

171

135쪽 Presidential Commission for the Study of Bioethical Issues, *"Ethically Impossible"*
STD Research in Guatemala from 1946 to 1948, September 2011, 93, http://
bioethics.gov/sites/default/files/Ethically-Impossible_PCSBI.pdf (April 15, 2013).

142쪽 Office for Human Research Protections, "Regulatory Changes in ANPRM:
comparison of Exising Rules with Some of the Changed Being Considered," July
2011, http://www.hhs.gov/ohrp/humansubjects/anprmchangetable.html (June 24,
2012).

145쪽 Insoo Hyun, "Stem Cells," Hastings Center, 2013, http://www.thehastingscenter.
org/Publications/BriefingBook/Detail.aspx?id=2248 (July 25, 2012)

146쪽 Mark S. Frankel and Cristina J. Kapustij, "Enhancing Humans" Hastings Center,
2013, http://www.thehastingscenter.org/Publications/BriefingBook/Detail.
aspx?id=2162 (June 25, 2012)

• Annas, George J., and Michael A. Grodin, eds. *The Nazi Doctors and the Nuremberg Code: Human Rights in Human Experimentation.* New York: Oxford University Press, 1992.

• Eliott, Carl. *White Coat Black Hat: Adventures on the Dark Side of medicine.* Boston: Beacon Press, 2010.

• Emanuel, Ezekiel J., Robert A. Crouch, John D. Arras, Jonathan D. Moreno, and Christine Grandy, eds., *Readings and Commentary: Ethical And Regulatory Aspects of Clinical Research.* Baltimore: Johns Hopkins University Press, 2003.

• Hornblum, Allen M. *Acres of Skin: Human Experiments at Holmesburg Prison.* New York: Routledge, 1998.

• Jonsen, Albert. R. *The Birth of Bioethis.* New York: Oxford University Press, 1998.

• Kaebnick, Gregory E., ed. The Hastings Center Report. Garrison, NY: The Hastings Center 38, 2 (March-April 2008).

• Lederer, Susan E. "Children as Guinea Pigs: Historical Perspectives." *Accountability in Research* 10 (2003): 1-16.

173

• ————. *Subjected to Science: Human Experimentation in America before the Second World War.* Baltimore: Johns Hopkins University Press, 1995.

• Menikoff, Jerry, and Edward P. Richards. *What the Doctor Didn't Say: The Hidden Truth about Medical Research.* New York: Oxford University Press, 2006.

• Moreno, Jonathan D. Undue Risk: *Secret State Experiments on Humans.* New York: Routledge, 2001.

• Petryna, Adriana. *When Experiments Travel: Clinical Trials and the Global Search for Human Subjects.* Princeton, NJ: Princeton University Press, 2009.

• Scott, Christopher Thomas. *Stem Cell Research Now: A Brief Introduction to the Coming Medical Revolution.* New York: Penguin, 2006.

• Washington, Harriet A. *Medical Apartheid: The Dark History of Medical Experimentation on Black Americans from Colonial Times to the Present.* New York: Random House, 2006.

• Welsome, Eileen. *The Plutonium Files: America's Secret Medical Experiments in the Cold War.* New York: Random House, 1999.

더 읽을거리

책

- Friedlander, Mark P., Jr. *Outbreak: Disease Detectives at Work*. Minneapolis: Twenty-First Century Books, 2009.

- Goldsmith, Connie. *Battling Malaria: On the Front Lines against a Global Killer*. Minneapolis: Twenty-First Century Books, 2011.

- Jurmain, Suzanne. *The Secret of the Yellow Death: A True Story of Medical Sleuthing. Boston*: Houghton Mifflin Books for Children, 2009.

- Kallen, Stuart A. *The Race to Discover the AIDS Virus: Luc Montagnier vs Robert Gallo*. Minneapolis: Twenty-First Century Books, 2013.

- Kor, Eva Mozes, and Lisa Rojany Buccieri. *Surviving the Angel of Death: The True Story of a Mengele Twin in Auschwitz*. Terre Haute, IN: Tanglewood, 2009.

- Skloot, Rebecca. The Immortal Life of Henrietta Lacks. New York: Random House, 2010. (한국어판: 레베카 스클루트 지음, 김정한·김정부 옮김, 《헨리에타 랙스의 불멸의 삶》, 문학동네, 2012).

• Uschan, Michael V. *The Tuskegee Experiments: Forty Years of Medical Racism.* Farmington Hills, MI: Lucent Books, 2006.

웹사이트

CANDLES 홀로코스트 박물관(CANDLES Holocaust Museum—Children of Auschwitz Nazi Deadly Lab Experiments Survivors)

http://www.candlesholocaustmuseum.org

미국 인디애나 주 테러호트에 있는 이 박물관은 에바 코르가 설립했다. 이 박물관은 요제프 멩겔레의 쌍둥이 실험과 홀로코스트에 관한 교육 자료와 영상 자료를 전시하고 있다.

에드워드 제너의 생가 겸 박물관(Dr. Jenner's House and Museum)

http://jennermuseum.com

이 웹사이트는 에드워드 제너가 천연두 백신을 발견하기까지의 연구 과정을 담고 있다.

미국 홀로코스트 기념 박물관(The United States Holocaust Memorial Museum)

http://www.ushmm.org

나치의 의학 실험에 관한 웹사이트이다. 역사적 영상과 사진 자료들, 멩겔레와 쌍둥이 실험에 관한 자료, 나치 강제 수용소 생존자들의 증언 등 광범위한 정보가 담겨 있다.

치명적인 속임수(The Deadly Deception)

ABC 뉴스 의학 전문 기자 조지 스트레이트(George Strait)가 진행한 이 다큐멘터리는 터스키기 매독 연구를 다뤘다. 미국 보스턴 매사추세츠 지역 방송의 데니즈 디아니(Denise DiAnni)가 1993년에 각본, 제작, 감독을 맡았다.

기밀 삭제: 인체 실험(Declassified: Human Experimentation)

1999년에 제작된 이 TV 다큐멘터리는 히스토리 채널 기밀의 역사 시리즈의 한 에피소드이다. 아브너 타보리(Avner Tavori)와 닉 브라이덴(Nick Brigden)이 각본과 제작을 맡았고 아브너 타보리가 감독했다. 이 에피소드는 냉전 시대 동안 군인들을 상대로 행해진 방사능 실험을 다룬다.

Interviews(인터뷰)

앨런 M. 혼블럼(Allen M. Hornblum, 범죄학자)

http://www.democracynow.org/2000/8/1/holmesburg_prison

혼블럼과 홈스버그 교도소 실험의 피해자인 로더스 존스(Loedus Jones)가 〈민주주의는 지금!(Democracy Now!)〉의 진행자 에이미 굿맨(Amy Goodman)과 후안 곤살레스(Juan Gonzalez)와 함께 홈스버그 수감자들을 대상으로 했던 인체 실험에 대해 인터뷰했다.

에바 모제스 코르(Eva Mozes Kor, 아우슈비츠 수용소의 멩겔레 쌍둥이 실험 피해자)

http://www.youtube.com/watch?v=-gt6UnmjcDo

'아우슈비츠에서 용서까지'는 에바 모제스 코르의 인터뷰를 담은 30분짜리 다큐멘터리이다. 인디애나주립대학의 데이브 테일러(Dave Taylor)가 2007년에 제작했다. 인터뷰는 아우슈비츠에서 촬영되었다.

수전 리버비(Susan Reverby, 웰슬리단과대학 역사학과 교수)

http://www.democracynow.org/2010/10/5/the_dark_history_of_medical_experimentation

〈민주주의는 지금!〉의 진행자이자 인터뷰어 에이미 굿맨이 레버비와 함께 터스키기와 과테말라 매독 연구, 그리고 다른 인체 실험에 대해 이야기를 나눈다.

해리엇 워싱턴(Harriet Washington, 의학 윤리학자)

http://www.democracynow.org/2007/1/19/medical_apartheid_the_dark_history_of

〈민주주의는 지금!〉의 진행자 에이미 굿맨과 후안 곤살레스가 아프리카계 미국인들을 대상으로 저질러진 의학 실험의 역사에 대해 워싱턴과 인터뷰한다.

아일린 웰섬(Eileen Welsome, 퓰리처상 수상 저널리스트)

http://www.democracynow.org/2004/5/5/plutonium_files_how_the_u_s

웰섬이 〈민주주의는 지금!〉의 진행자 에이미 굿맨과 함께 미국의 방사능 실험과 그것을 숨긴 정부의 활동에 대해 이야기한다.

찾아보기

사진 출처

머리말

15쪽 ⓒ Joshua Shaw, eldest son to Freda (mother) and brother to Simeon.

1장 인간 기니피그

24쪽 ⓒ Hulton Archive/Getty Images.

28쪽ⓒ Somers Historical Society.

34쪽 Department of Historical Collections and Services/Claude Moore HealthSciences Library/University of Virginia.

39쪽 Courtesy Everett Collection.

2장 죽음의 수용소에서

44쪽 AP Photo/CA F pap.

47쪽 ⓒ United States Holocaust Memorial Museum.

49쪽 Bettmann/CORBIS

53쪽 ⓒ United States Holocaust Memorial Museum.

57쪽 ⓒ American Philosophical Society.

3장 전쟁이라는 이름으로

66쪽 Ed Westcott/American Museum of Science and Energy/Wikimedia Commons.

68쪽 Daily Herald Archive/SSPL/Getty Images.

71쪽 AP Photo.

79쪽 ⓒ Stock Montage/Archive Photos/ Getty Images

87쪽 ⓒ Wally McNamee/Sygma/ CORBIS

4장 태도의 변화

93쪽 AP Photo/Urban Archives/Temple University

99쪽 ⓒ Peter Stacklepole/Time Life Pictures/ Getty Images,

100쪽 위키피디아 탈리도마이드 항목 (http://en.wikipedia.org/wiki/ Thalidomide)

103쪽 National Archives/Wikimedia Commons

5장 인간을 위한 과학의 길

120쪽 AP Photo/Courtesy Mohr Family.

127쪽 ⓒ Sean Gallup/Stringer/Getty Images.

129쪽 Kathleen Flynn/St. Petersburg Times/Zumapress/Newscom

133쪽 AP Photo/George Osodi.

139쪽 ⓒ Science Source.

144쪽 ⓒ Steve Gschmeissner/Science Source

또 하나의 부끄러운 역사_일본 731 부대에서는 무슨 일이 있었을까

161쪽 ⓒ 신화/연합뉴스

다른 포스트

뉴스레터 구독

나쁜 과학자들
생명 윤리가 사라진 인체 실험의 역사

초판 1쇄   2014년 6월 27일
초판 4쇄   2018년 10월 10일

지은이   비키 오랜스키 위튼스타인
옮긴이   안희정

펴낸이   김한청
기획편집   원경은 차언조 양선화 양희우 유자영
마케팅   정원식 이진범
디자인   이성아
운영   설채린

펴낸곳 도서출판 다른
출판등록 2004년 9월 2일 제2013-000194호
주소 서울시 마포구 동교로 27길 3-10 희경빌딩 4층
전화 02-3143-6478 **팩스** 02-3143-6479 **이메일** khc15968@hanmail.net
블로그 blog.naver.com/darun_pub **인스타그램** @darunpublishers

ISBN 979-11-5633-023-3 43400

* 잘못 만들어진 책은 구입하신 곳에서 바꿔 드립니다.
* 이 책은 저작권법에 의해 보호를 받는 저작물이므로, 서면을 통한 출판권자의
  허락 없이 내용의 전부 또는 일부를 사용할 수 없습니다.

다른 생각이
다른 세상을 만듭니다